THÉORIE

DES ÉQUATIONS ET DES INÉQUATIONS

DU PREMIER ET DU SECOND DEGRÉ

A UNE INCONNUE

1886

A L'USAGE

DES ASPIRANTS AU BACCALAURÉAT ÈS SCIENCES
ET AU BACCALAURÉAT DE L'ENSEIGNEMENT SPÉCIAL,
DES CANDIDATS AUX ÉCOLES DU GOUVERNEMENT
ET DES ÉLÈVES DES ÉCOLES NORMALES

PAR

A. TARTINVILLE

Ancien élève de l'École normale supérieure, Agrégé des sciences mathématiques,
Professeur au lycée Saint-Louis.

PARIS

LIBRAIRIE DU JOURNAL DE MATHÉMATIQUES ÉLÉMENTAIRES

17, RUE DES ÉCOLES, 17

—

1886

8
8

THÉORIE

DES ÉQUATIONS ET DES INÉQUATIONS

DU PREMIER ET DU SECOND DEGRÉ

A UNE INCONNUE

THÉORIE

DES ÉQUATIONS ET DES INÉQUATIONS

DU PREMIER ET DU SECOND DEGRÉ

A UNE INCONNUE

A L'USAGE

DES ASPIRANTS AU BACCALAURÉAT ÈS SCIENCES
ET AU BACCALAURÉAT DE L'ENSEIGNEMENT SPÉCIAL,
DES CANDIDATS AUX ÉCOLES DU GOUVERNEMENT
ET DES ÉLÈVES DES ÉCOLES NORMALES

PAR

A. TARTINVILLE

Ancien élève de l'École normale supérieure, Agrégé des sciences mathématiques,
Professeur au lycée Saint-Louis.

PARIS

LIBRAIRIE DU JOURNAL DE MATHÉMATIQUES ÉLÉMENTAIRES

17, RUE DES ÉCOLES, 17

—

1886

THÉORIE

DES

ÉQUATIONS ET INÉQUATIONS

DU PREMIER ET DU SECOND DEGRÉ A UNE INCONNUE

DES ÉGALITÉS ET DES INÉGALITÉS

Égalités.

Définitions.

1. Deux nombres algébriques sont *égaux*, quand ils ont le même signe et la même valeur absolue.

2. Lorsqu'on écrit qu'une expression algébrique A est égale à une expression algébrique B, on a une *relation* qui s'appelle une *égalité*. Ainsi, la relation

$$A = B$$

est une égalité. A est le premier membre de cette égalité; B en est le second membre.

3. On distingue deux sortes d'égalités : les *identités* et les *équations*.

4. Une *identité* est une égalité qui est *vraie* quelles que soient les valeurs attribuées aux lettres qui y figurent.

Exemple : L'égalité

$$a^2 - b^2 = (a - b)(a + b)$$

est une identité.

REMARQUE. — La relation qui existe entre les données et le résultat d'une opération algébrique est une identité.

1

5. Une *équation* est une *égalité conditionnelle*.

Elle doit, *si cela est possible*, se transformer en une identité quand on donne certaines valeurs à des lettres particulières, qui sont ordinairement x, y, z,...

Ces lettres sont dites les *inconnues* de l'équation, et les valeurs qu'il faut leur attribuer pour transformer l'équation en une identité, ou encore pour *satisfaire* à l'équation, sont les *racines* de l'équation.

L'égalité

$$x - a = 0,$$

dans laquelle on impose à x l'obligation de transformer l'égalité en une identité, est une équation. Le nombre a est évidemment une racine de cette équation.

Une équation qui ne renferme qu'une inconnue, est une *équation à une inconnue*.

Inégalités.

Définitions.

6. Une quantité algébrique a est *plus grande* qu'une autre b, lorsque la *différence* $(a - b)$ *est positive*.

7. Conséquences :

1° Un nombre positif est plus grand que zéro.

Le nombre $+ 3$ est plus grand que zéro, car

$$+ 3 - 0 = + 3.$$

2° Zéro est plus grand qu'un nombre négatif quelconque.

Zéro est plus grand que $- 3$; en effet

$$0 - (- 3) = + 3.$$

3° Un nombre positif est d'autant plus grand (sens algébrique) que sa *valeur absolue est plus grande (sens arithmétique)*.

Le nombre $+ 5$ est plus grand que le nombre $+ 3$, puisque

$$+ 5 - (+ 3) = + 2.$$

4° Un nombre négatif est d'autant plus grand (sens algébrique que sa valeur absolue est plus petite (sens arithmétique).

Le nombre $- 3$ est plus grand que le nombre $- 5$, car

$$- 3 - (- 5) = + 2.$$

8. Lorsqu'une quantité algébrique a est plus grande qu'une autre b, inversement, on dit que la quantité b est *plus petite* que la quantité a.

Remarque. — Dire que b est plus petit que a, c'est dire que la différence $b - a$ est *négative*.

9. Quand on écrit qu'une expression algébrique A est, ou plus grande, ou plus petite, qu'une expression algébrique B, on a une *relation* qui s'appelle une *inégalité*.

Les relations

$$A > B \quad \text{et} \quad A < B$$

sont des inégalités. L'expression qui précède le signe $>$ ou le signe $<$ est le premier membre de l'inégalité. Celle qui suit le signe en est le second membre.

10. Deux inégalités sont *de même sens*, ou *de sens contraires*, selon que les signes d'inégalités sont les mêmes ou sont différents.

Remarquons que les deux relations

$$A > B \quad \text{et} \quad B < A$$

ont, par définition, la même signification.

11. On distingue deux sortes d'inégalités : les *inidentités* et les *inéquations*.

12. Une *inidentité* est une inégalité qui est *vraie quelles que soient les valeurs attribuées aux lettres qui y figurent*.

L'inégalité

$$a^2 + b^2 > a^2 - b^2$$

est une inidentité.

Une *inéquation* est une *inégalité conditionnelle*.

Elle doit, *si cela est possible*, se transformer en une inidentité quand on donne certaines valeurs à des lettres *particulières, qui sont* ordinairement x, y,...

Ces lettres sont dites les *inconnues de l'inéquation*, et les valeurs qu'il faut leur attribuer pour transformer l'inéquation en une inidentité, ou encore pour *satisfaire* à l'inéquation, sont les *solutions* de l'inéquation.

L'inégalité

$$x - a > 0,$$

dans laquelle on impose à x l'obligation de transformer l'inégalité en une inidentité, est une inéquation.

Un nombre quelconque plus grand que a est évidemment une solution de cette inéquation.

Une inéquation qui ne renferme qu'une inconnue est une *inéquation à une inconnue*.

PRINCIPES RELATIFS AUX IDENTITÉS ET AUX INIDENTITÉS

Identités.

13. Principe. — *Si l'on ajoute ou retranche une même quantité algébrique aux deux membres d'une identité, on a encore une identité.*

Ce principe est évident.

14. Remarque. — Lorsqu'on fait passer un terme d'une identité d'un membre dans l'autre, en *changeant son signe*, on a une nouvelle identité; car si T est le terme en question, l'opération revient à retrancher T aux deux membres.

15. Principe. — *Si l'on multiplie ou divise par une même quantité algébrique les deux membres d'une identité, on a encore une identité.*

Ce principe est évident.

Application. — Soit l'identité évidente

$$b - c = (a - c) - (a - b).$$

On en déduit, en divisant les deux membres par le produit

$$(b - c)(a - c)(a - b),$$

l'identité

$$\frac{1}{(a - c)(a - b)} = \frac{1}{(a - b)(b - c)} - \frac{1}{(a - c)(b - c)};$$

d'où

$$\frac{1}{(a - b)(a - c)} + \frac{1}{(b - a)(b - c)} + \frac{1}{(c - a)(c - b)} = 0.$$

16. Remarque. — Lorsque, dans une identité, certains termes contiennent des dénominateurs, en multipliant les deux membres par une expression multiple de tous les dénominateurs, on a une nouvelle identité qui ne contient plus de dénominateurs.

Par cette opération, on dit qu'on a *chassé les dénominateurs*.

17. Principe. — *Si l'on élève au carré les deux membres d'une identité, on obtient une nouvelle identité.*

Ce principe est évident.

Inidentités.

18. PRINCIPE. — *Si l'on ajoute ou retranche une même quantité algébrique aux deux membres d'une inidentité, on a encore une inidentité.*

Il suffit de justifier ce principe quand on ajoute une même quantité, car retrancher une quantité revient à ajouter cette quantité prise en signe contraire.

1° Soit l'inidentité

$$A > B.$$

Par définition, nous avons

$$A - B > 0,$$

d'où, évidemment,

$$(A + C) - (B + C) > 0$$

et

$$A + C > B + C.$$

2° Soit l'inidentité

$$A < B.$$

Par définition, nous avons

$$B > A,$$

d'où, d'après ce qui précède,

$$B + C > A + C,$$

c'est-à-dire

$$A + C < B + C.$$

19. REMARQUE. — Quand on fait passer un terme d'une inidentité d'un membre dans l'autre, en changeant son signe, on retranche en réalité une même quantité aux deux membres; on a donc encore une inidentité.

20. PRINCIPE. — *Si l'on multiplie ou divise par une même quantité algébrique* POSITIVE *les deux membres d'une inidentité, on a encore une inidentité.*

Il suffit de justifier ce principe quand on multiplie par une même quantité, car diviser par m revient à multiplier par $m' = \dfrac{1}{m}$.

Soit l'une ou l'autre des inidentités

$$A \gtrless B.$$

Nous en tirons les inidentités

$$A - B \gtrless 0,$$

d'où, si m est un facteur positif quelconque, les inidentités :

$$m\,(A - B) \gtrless 0,$$
$$m\,A - m\,B \gtrless 0,$$
$$m\,A \gtrless m\,B.$$

21. Principe. — *Si l'on multiplie ou divise par une même quantité* négative *les deux membres d'une inidentité et* si l'on change le sens *de l'inégalité, on a une nouvelle inidentité.*

Comme précédemment, on peut se borner à examiner le cas de la multiplication.

Soit l'une ou l'autre des inidentités

$$A \gtrless B.$$

Nous en tirons les inidentités

$$A - B \gtrless 0,$$

d'où, si m est un facteur négatif quelconque, les inidentités :

$$m\,(A - B) \lessgtr 0,$$
$$m\,A - m\,B \lessgtr 0,$$
$$m\,A \lessgtr m\,B.$$

Application. — Soient les trois quantités algébriques a, b, c, que je suppose rangées par ordre de grandeur croissante de la façon suivante :

$$a < b < c.$$

Remarquant que les différences $(a - b)$, $(b - c)$, $(a - c)$ sont négatives, et partant de l'inidentité

$$a < b,$$

nous en déduisons, en multipliant les deux membres par le facteur *positif* $(b - c)(a - c)$, l'inidentité

$$a(b - c)(a - c) < b(b - c)(a - c)$$

ou

$$a^2(b - c) - abc + ac^2 < b^2(a - c) - abc + bc^2$$
$$a^2(b - c) + c^2(a - b) < b^2(a - c),$$

et, divisant par le facteur *négatif* $(a - b)(b - c)(a - c)$, l'inidentité

$$\frac{a^2}{(a - b)(a - c)} + \frac{c^2}{(b - c)(a - c)} > \frac{b^2}{(b - c)(a - b)}$$

ou bien

$$\frac{a^2}{(a - b)(a - c)} + \frac{b^2}{(b - c)(b - a)} + \frac{c^2}{(c - b)(c - a)} > 0.$$

22. REMARQUE. — Lorsque, dans une inidentité, certains termes contiennent des dénominateurs, si l'on peut former une expression qui soit multiple de tous les dénominateurs et dont on connaisse le signe, l'un ou l'autre des deux principes (20) et (21) permettra de *chasser les dénominateurs.*

D'ailleurs, on pourra toujours appliquer le premier principe si l'on réduit tous les termes au même dénominateur et si l'on multiplie les *deux membres par le carré du dénominateur commun,* quantité nécessairement positive.

23. PRINCIPE. — *Si l'on élève au carré les deux membres d'une inidentité, on peut obtenir:*

1° *Une inidentité de même sens.*
Exemple: $5 > -3$ et $25 > 9$;

2° *Une inidentité de sens contraire.*
Exemple: $3 > -5$ et $9 < 25$;

3° *Une identité.*
Exemple: $3 > -3$ et $9 = 9$.

DES ÉQUATIONS ET DES INÉQUATIONS

A UNE INCONNUE

24. Définition. — On appelle *variable indépendante*, toute quantité algébrique qui peut recevoir des *valeurs arbitraires.*

25. Considérons une expression algébrique contenant la variable indépendante x.

La valeur de l'expression dépend de la valeur qui est donnée à x. Pour cette raison, on dit qu'elle est une *fonction de x*, et on la représente par l'un des symboles

$$F(x), \qquad f(x), \qquad \varphi(x), \ldots$$

Si l'on donne à x la valeur connue α, la fonction, que je suppose représentée par $F(x)$, prend une valeur que l'on peut calculer, puisque toutes les quantités qu'elle renferme sont alors connues.

Nous représenterons cette valeur par $F(\alpha)$.

Exemple : Si
$$F(x) = x^2 - 2ax + 2a^2,$$
on a, par définition,
$$F(\alpha) = \alpha^2 - 2a\alpha + 2a^2.$$
De même,
$$F(a) = a^2 - 2a^2 + 2a^2 = a^2,$$
$$F(0) = 2a^2.$$

26. Quand on écrit une équation, on y regarde nécessairement les inconnues comme arbitraires. Si nous ne considérons que des équations à une inconnue, x, cette inconnue est, provisoirement, une variable indépendante dont les deux membres de l'équation sont des fonctions.

Ceci nous conduit à représenter symboliquement une équation à une inconnue de la façon suivante :

$$F(x) = f(x).$$

27. D'après une définition précédente, pour qu'un nombre α soit racine de cette équation, il faut et il suffit que l'égalité

$$F(\alpha) = f(\alpha)$$

soit une identité.

28. Des considérations analogues conduisent pour les inéquations à une inconnue à la représentation symbolique

$$F(x) > f(x), \quad \text{ou bien} \quad F(x) < f(x).$$

Ajoutons que pour qu'un nombre α soit solution d'une inéquation ainsi représentée, il faut et il suffit que l'inégalité

$$F(\alpha) > f(\alpha), \quad \text{ou bien} \quad F(\alpha) < f(\alpha)$$

soit une inidentité.

29. Remarque. — Une équation peut avoir plusieurs racines. Soit l'équation

(1)
$$x^2 - 2a^2 = ax.$$

Si l'on remplace x par $-a$, l'équation devient l'identité

$$-a^2 = -a^2.$$

Si l'on remplace x par $2a$, l'équation devient l'identité

$$2a^2 = 2a^2.$$

L'équation (1) admet donc *au moins* les deux racines

$$-a \quad \text{et} \quad 2a.$$

30. Remarque. — Une inéquation peut avoir une infinité de solutions. Soit l'inéquation

(1)
$$x^2 > a^2.$$

On constate facilement que tous les nombres dont la valeur absolue est supérieure à celle de a transforment l'inéquation en une inidentité, c'est-à-dire satisfont à l'inéquation.

L'inéquation (1) a donc une infinité de solutions.

31. Remarque. — Nous emploierons spécialement le mot *racine* pour désigner un nombre qui satisfait à une équation, et le mot *solution* pour désigner celui qui satisfait à une inéquation.

32. Définitions. — Deux équations (ou deux inéquations) sont équivalentes lorsqu'elles admettent les mêmes racines (ou les mêmes solutions).

Résoudre une équation (ou une inéquation), c'est en chercher les racines (ou les solutions).

33. REMARQUE. — Il est évident que, dans la résolution d'une équation (ou d'une inéquation), on peut remplacer cette équation (ou cette inéquation) par une autre équivalente.

ÉQUIVALENCE DES ÉQUATIONS

34. THÉORÈME. — *Si l'on ajoute ou retranche une même quantité aux deux membres d'une équation, on obtient une équation équivalente.*

Je puis ne considérer que le cas de l'addition, car retrancher une quantité, c'est ajouter cette quantité prise en signe contraire.

Je dis que les deux équations

$$(1) \qquad f(x) = f'(x)$$
$$(2) \qquad f(x) + \varphi(x) = f'(x) + \varphi(x)$$

sont équivalentes.

1° Soit α une racine de l'équation (1).

L'égalité

$$f(\alpha) = f'(\alpha)$$

est alors une identité. On déduit de là (13) l'identité

$$f(\alpha) + \varphi(\alpha) = f'(\alpha) + \varphi(\alpha),$$

qui prouve que le nombre α est une racine de l'équation (2).

2° Soit α une racine de l'équation (2).

L'égalité

$$f(\alpha) + \varphi(\alpha) = f'(\alpha) + \varphi(\alpha)$$

est une identité. On en déduit (13) l'identité

$$f(\alpha) = f'(\alpha),$$

et le nombre α est une racine de l'équation (1).

Conclusion : Les équations (1) et (2), ayant les mêmes racines, sont équivalentes.

35. REMARQUE. — Nous avons supposé qu'on ajoutait une fonction de x. Le raisonnement subsiste quand on ajoute une quantité indépendante de x.

36. Corollaire. — *Si l'on fait passer un terme d'une équation d'un membre dans l'autre,* EN CHANGEANT SON SIGNE, *on obtient une équation équivalente.*

En effet, l'opération revient à retrancher aux deux membres le terme en question.

Exemple : Les deux équations

$$x^2 - 2a^2 = ax,$$
$$x^2 - ax = 2a^2$$

sont équivalentes.

37. Corollaire. — *Il est toujours possible de trouver une équation de la forme*

$$F(x) = 0$$

équivalente à une équation de la forme

$$f(x) = f'(x).$$

Il suffit de faire passer tous les termes du second membre dans le premier, en changeant les signes de chacun d'eux.

La nouvelle équation est

$$f(x) - f'(x) = 0.$$

Si l'on désigne la différence $f(x) - f'(x)$ par $F(x)$, elle s'écrit

$$F(x) = 0.$$

Exemple : Les deux équations

$$x^2 = 2a^2 + ax,$$
$$x^2 - ax - 2a^2 = 0$$

sont équivalentes.

38. Théorème. — *Lorsqu'on multiplie ou divise les deux membres d'une équation par une même quantité qui n'est, et ne peut devenir,* NI NULLE, NI INFINIE, *on a une équation équivalente.*

Je puis ne considérer que le cas de la multiplication, car diviser par une certaine quantité m, c'est multiplier par son inverse $\frac{1}{m}$.

Soit l'équation
(1)
$$f(x) = f'(x).$$
Posons
$$F(x) = f(x) - f'(x).$$

L'équation

$$(2) \qquad \qquad F(x) = 0$$

est équivalente (37) à l'équation (1).

Désignons par $\varphi(x)$ la quantité par laquelle on multiplie les deux membres de l'équation (1). Après cette multiplication, on obtient l'équation

$$(3) \qquad \qquad f(x).\varphi(x) = f'(x).\varphi(x),$$

qui est équivalente (37) à l'équation

$$(4) \qquad \qquad F(x).\varphi(x) = 0.$$

Nous nous proposons de démontrer que, si la quantité $\varphi(x)$ *n'est et ne peut devenir, ni nulle, ni infinie,* les équations (1) et (3) sont équivalentes.

Il suffit d'établir l'équivalence des équations (2) et (4).

1° Soit α une racine de l'équation (2).

L'égalité

$$F(\alpha) = 0$$

est une identité. Comme le nombre $\varphi(\alpha)$ n'est pas infini, le produit $F(\alpha).\varphi(\alpha)$, dont un facteur est nul, est lui-même nul. L'égalité

$$F(\alpha).\varphi(\alpha) = 0$$

est donc une identité, et le nombre α est une racine de l'équation (4).

2° Soit α une racine de l'équation (4).

L'égalité

$$F(\alpha).\varphi(\alpha) = 0$$

est une identité. Comme le nombre $\varphi(\alpha)$ n'est pas nul et que le produit $F(\alpha).\varphi(\alpha)$ l'est, il faut que $F(\alpha)$ soit nul, c'est-à-dire que l'on ait l'identité

$$F(\alpha) = 0,$$

et le nombre α est racine de l'équation (2).

Conclusion : Les équations (2) et (4) admettent les mêmes racines. Elles sont équivalentes, ainsi que les équations (1) et (3).

39. Remarque. — Si la quantité par laquelle on multiplie ou divise ne contient pas l'inconnue, en admettant qu'elle ne soit ni nulle, ni infinie, elle ne le deviendra jamais, et la seconde équation sera équivalente à la première.

Application. — Soit l'équation

$$ax^2 + bx + c = 0,$$

dans laquelle je suppose que a soit fini et différent de zéro.

Cette équation est équivalente à

$$x^2 + \frac{b}{a} x + \frac{c}{a} = 0,$$

ainsi qu'à

$$4a^2x^2 + 4abx + 4ac = 0.$$

40. Conséquence. — Lorsque certains termes d'une équation contiennent des dénominateurs, et que ces dénominateurs sont numériques, c'est-à-dire ne renferment pas l'inconnue, en multipliant les deux membres de l'équation par une quantité multiple de tous les dénominateurs, *on chasse les dénominateurs* et on obtient une équation équivalente.

Exemple : Soit l'équation

$$\frac{x - a}{b} - \frac{b}{a} = \frac{x - b}{a}.$$

En multipliant les deux membres par le produit ab, qui est multiple de tous les dénominateurs, on obtient l'équation équivalente

$$a(x - a) - b^2 = b(x - b),$$

qui n'a plus de dénominateurs.

41. Remarque. — Il arrive souvent qu'on multiplie les deux membres d'une équation par une quantité qui peut devenir nulle ou infinie. Comme on ne se trouve plus dans les conditions du théorème précédent, on ne peut plus affirmer que l'on ait une équation équivalente.

Il y a des cas où la nouvelle équation est équivalente à la première; mais il y en a d'autres où elle ne l'est pas.

Nous allons examiner les cas qui se présentent le plus fréquemment, en raisonnant sur des exemples particuliers.

42. 1° Soit l'équation

$$(1) \qquad x^2 - 2a^2 = ax.$$

Je multiplie les deux membres par

$$\varphi(x) = 4x^2 - a^2.$$

J'obtiens, après simplification, la nouvelle équation

(2) $$4x^4 - 9a^2x^2 + 2a^4 = 4ax^3 - a^3x.$$

L'équation (1) équivaut à

$$F(x) = x^2 - ax - 2a^2 = 0;$$

l'équation (2), à

$$F(x) . \varphi(x) = 0.$$

Le produit $F(x) . \varphi(x)$ ne peut devenir nul que si l'un des facteurs le devient. D'ailleurs, tout nombre qui annule l'un des facteurs, n'étant évidemment pas infini, ne rend pas l'autre facteur infini. On sait, en effet, que pour qu'un polynôme entier en x soit infini, il faut et il suffit que la variable x soit infinie. Par conséquent, pour que le produit

$$F(x) . \varphi(x)$$

devienne nul, il faut et il suffit que l'un des facteurs s'annule.

Il résulte de là que les racines de l'équation (2) sont celles des deux équations
$$F(x) = 0 \qquad \text{et} \qquad \varphi(x) = 0.$$

L'équation (2) admet donc les racines de l'équation (1).

Elle admet, en outre, des *racines étrangères*, qui sont celles de l'équation
$$\varphi(x) = 4x^2 - a^2 = 0.$$

2° Soit l'équation
$$4x^4 - 9a^2x^2 + 2a^4 = 4ax^3 - a^3x,$$

qui s'écrit encore
$$(4x^2 + a^2)(x^2 - 2a^2) = ax(4x^2 - a^2).$$

Divisons les deux membres de cette équation par
$$4x^2 - a^2.$$

D'après ce qui précède, nous enlevons les racines de l'équation
$$4x^2 - a^2 = 0.$$

43. Remarque. — Quand le premier membre d'une équation de la forme
$$F(x) = 0$$

est un polynôme entier en x, en multipliant par un polynôme $\varphi(x)$, entier en x, les deux membres de cette équation ou ceux de l'une quelconque des équations équivalentes que fournit le théorème 34, on obtient une équation qui n'est pas équivalente à la première. Elle admet les racines de la première, avec celles de l'équation

$$\varphi(x) = 0.$$

Dans les mêmes hypothèses, s'il est possible de diviser par $\varphi(x)$ les deux membres de l'équation considérée, en effectuant cette division, on supprime les racines de l'équation

$$\varphi(x) = 0.$$

44. Remarque. — $F(x)$ et $\varphi(x)$ étant des polynômes entiers en x, si l'on répète le raisonnement que nous avons fait au n° 42 sur le premier exercice, on voit que les racines de l'équation

(1) $$F(x) . \varphi(x) = 0$$

sont celles des deux équations

(2) $$F(x) = 0,$$
$$\varphi(x) = 0.$$

On dit que l'équation (1) se *décompose* dans les deux équations (2).

45. Soit l'équation

(1) $$F(x) = \frac{x + a}{x - a} + \frac{x + b}{x - b} + 1 = 0.$$

Afin de chasser les dénominateurs, multiplions les deux membres de cette équation par

$$\varphi(x) = (x - a)(x - b).$$

Nous trouvons l'équation

(2) $$F(x) . \varphi(x) = 3x^2 - x(a + b) - ab = 0.$$

Remarquons que $\varphi(x)$ ne devient infini que pour $x = \infty$, valeur qui n'est pas racine de l'équation (1), puisque

$$F(x) = \frac{1 + \dfrac{a}{x}}{1 - \dfrac{a}{x}} + \frac{1 + \dfrac{b}{x}}{1 - \dfrac{b}{x}} + 1$$

et que

$$F(\infty) = 3.$$

Remarquons, en outre, que $\varphi(x)$ ne s'annule que pour

$$x = a \quad \text{et} \quad x = b,$$

et que ces valeurs ne sont pas racines de l'équation (2).

Dans ces conditions, nous pouvons reproduire *intégralement* le raisonnement du théorème 38, et nous en concluons que les équations (1) et (2) sont équivalentes.

46. Soit l'équation

$$\text{(1)} \qquad F(x) = \frac{x + a}{x - a} + \frac{x + b}{x - b} - 2 = 0.$$

Multiplions les deux membres de cette équation par

$$\varphi(x) = (x - a)(x - b).$$

Nous chassons ainsi les dénominateurs et nous trouvons l'équation

$$\text{(2)} \qquad F(x).\varphi(x) = 2x(a + b) - 4ab = 0.$$

$\varphi(x)$ devient infini pour $x = \infty$ et seulement pour cette valeur; mais ici l'équation (1) admet la racine $x = \infty$. D'autre part, les nombres a et b, qui annulent $\varphi(x)$, ne sont pas des racines de l'équation (2).

En raisonnant comme au n° 38, on voit que toute racine de l'équation (1) différente de l'infini, est racine de l'équation (2), et que toute racine de l'équation (2) est racine de l'équation (1); mais quand on considère la racine $x = \infty$, le raisonnement ne s'applique plus, car le produit $0 \times \infty$ est indéterminé. Nous ne pouvons donc rien affirmer relativement à cette racine.

Une constatation directe montrant que l'équation (2) n'admet pas la racine $x = \infty$, cette racine a été perdue dans le passage de la première équation à la seconde.

Les équations (1) et (2) ne sont donc pas équivalentes.

47. Soit encore l'équation

$$\text{(1)} \qquad F(x) = \frac{2}{x^2 - 1} - \frac{1}{x(x - 1)} = 1.$$

Nous chassons les dénominateurs de cette équation en multipliant ses deux membres par

$$\varphi(x) = x(x - 1)(x + 1).$$

Nous obtenons l'équation

(2) $$F(x) \cdot \varphi(x) = x^3 - 2x + 1 = 0.$$

$\varphi(x)$ devenant infini pour $x = \infty$ et s'annulant pour les valeurs

$$0, \qquad -1, \qquad 1,$$

l'opération pourrait avoir fait perdre la racine $x = \infty$ et avoir introduit les racines

$$0, \qquad -1, \qquad 1.$$

Je constate d'abord que 0 et -1 n'étant pas des racines de l'équation (2), ces racines n'ont pas été introduites. Quant au nombre 1, qui est une racine de l'équation (2), il peut être une racine étrangère.

D'ailleurs, si je réduis les deux termes du premier membre de l'équation (1) au même dénominateur et si je simplifie le résultat, j'écris l'équation (1) sous la forme

$$\frac{1}{x(x+1)} = 1.$$

Je vois alors que cette équation n'admet ni la racine $x = \infty$, ni la racine $x = 1$. Il n'y a donc pas eu perte de racines; mais il y a eu introduction de la racine étrangère $x = 1$.

Par conséquent, les équations (1) et (2) ne sont pas équivalentes.

48. REMARQUE. — Les opérations que nous avons exécutées dans les exercices précédents reviennent, en réalité, à mettre les équations sous la forme

$$\frac{F(x)}{\varphi(x)} = 0,$$

puis à résoudre l'équation

$$F(x) = 0.$$

Cette dernière équation pouvant ne pas être équivalente à la proposée, *un examen sera nécessaire.* On y procédera comme nous l'avons fait.

49. THÉORÈME. — *Si l'on élève au carré les deux membres d'une équation, on obtient une nouvelle équation qui* ADMET LES RACINES *de la première, mais qui peut aussi en* ADMETTRE D'AUTRES.

Soit l'équation

(1) $$f(x) = f'(x).$$

Si α est une racine de cette équation, l'égalité

$$f(\alpha) = f'(\alpha)$$

est une identité. On en déduit évidemment l'identité

$$[f(\alpha)]^2 = [f'(\alpha)]^2,$$

qui prouve que α est racine de l'équation

(2) $$[f(x)]^2 = [f'(x)]^2.$$

Ainsi, la nouvelle équation admet les racines de la première.

Elle peut d'ailleurs en admettre d'autres, car l'élévation au carré des deux membres de l'équation

(3) $$f(x) = -f'(x)$$

reproduisant l'équation (2), il faut aussi que cette équation admette les racines de l'équation (3).

Remarque. — L'équation (2) n'admet pas d'autres racines que celles des équations (1) et (3).

En effet, d'après l'identité

(4) $$[f(x)]^2 - [f'(x)]^2 = [f(x) - f'(x)][f(x) + f'(x)],$$

toute racine de l'équation (2) annulant le premier membre de l'identité (4), doit annuler le second membre, et par suite l'un des facteurs de ce second membre; elle doit donc être racine de l'une des équations (1) et (3).

Remarque. — Si l'on sait résoudre l'équation (2), *en choisissant parmi ses racines celles qui conviennent à l'équation* (1), cette dernière sera également résolue.

ÉQUIVALENCE DES INÉQUATIONS

50. Théorème. — *Lorsqu'on ajoute ou retranche une même quantité aux deux membres d'une inéquation, on obtient une inéquation équivalente.*

La démonstration de ce théorème ne diffère de celle du théorème 34 que par la substitution des mots *inéquation, inidentité* et *solution,* aux mots *équation, identité* et *racine.*

51. Corollaire. — Si l'on fait passer un terme d'une inéquation d'un membre dans l'autre, *en changeant son signe*, on obtient une inéquation équivalente.

52. Corollaire. — Il est toujours possible de trouver une inéquation de la forme

$$F(x) > 0$$

équivalente à une inéquation de l'une des deux formes

$$f(x) > f'(x) \qquad \text{ou} \qquad f(x) < f'(x).$$

Dans le premier cas, on a

$$F(x) = f(x) - f'(x),$$

et dans le second,

$$F(x) = f'(x) - f(x).$$

53. Théorème. — *Lorsqu'on multiplie ou divise les deux membres d'une inéquation par une même quantité qui ne peut devenir* ni nulle, ni infinie, ni négative, *on obtient une inéquation équivalente.*

Il est inutile (38) de considérer le cas de la division.

Soit l'une ou l'autre des inéquations

(1) $$f(x) \gtrless f'(x).$$

Multiplions par $\varphi(x)$ les deux membres de cette inéquation.

Nous trouvons l'une ou l'autre des inéquations

(2) $$f(x) \cdot \varphi(x) \gtrless f'(x) \cdot \varphi(x).$$

Si nous déterminons $F(x)$ d'une façon convenable (52), les deux inéquations considérées dans les relations (1) et (2) sont respectivement équivalentes aux inéquations

(3) $$F(x) > 0,$$
(4) $$F(x) \cdot \varphi(x) > 0.$$

Pour démontrer le théorème, il suffit donc d'établir l'équivalence des inéquations (3) et (4), dans l'hypothèse où le facteur $\varphi(x)$ ne peut devenir ni *nul*, ni *infini*, ni *négatif*.

1° Toute solution α de l'inéquation (3) est une solution de l'inéquation (4), car si

$$F(\alpha) > 0$$

est une inidentité, $\varphi(\alpha)$ étant positif et non nul, on a l'inidentité

$$F(\alpha) \cdot \varphi(\alpha) > 0.$$

2° Toute solution α de l'inéquation (4) est une solution de l'inéqua-tion (3), car si

$$F(\alpha).\varphi(\alpha) > 0$$

est une inidentité, $\varphi(\alpha)$ étant positif et non infini, on a l'inidentité

$$F(\alpha) > 0.$$

Conclusion : Les solutions étant les mêmes, les inéquations (3) et (4) sont équivalentes.

54. REMARQUE. — Le raisonnement subsiste évidemment quand la quantité par laquelle on multiplie ou divise ne contient pas l'inconnue ; il suffit alors qu'elle soit positive.

Application. — Les inéquations

$$3x > 2 \quad \text{et} \quad x > \frac{2}{3}$$

sont équivalentes.

55. THÉORÈME. — *Lorsqu'on multiplie ou divise les deux membres d'une inéquation par une même quantité qui ne peut devenir* NI NULLE, NI INFINIE, NI POSITIVE, *après avoir* CHANGÉ LE SENS *de l'inéquation, on a une inéquation équivalente.*

Comme dans le théorème précédent, on voit facilement que si $\varphi(x)$ satisfait à l'hypothèse, il suffit d'établir l'équivalence des inéquations

(1) $$F(x) > 0,$$

(2) $$F(x).\varphi(x) < 0.$$

1° Toute solution α de l'inéquation (1) est une solution de l'inéqua-tion (2), car si

$$F(\alpha) > 0$$

est une inidentité, $\varphi(\alpha)$ étant négatif et non nul, on a l'inidentité

$$F(\alpha).\varphi(\alpha) < 0.$$

2° Toute solution α de l'inéquation (2) est une solution de l'inéqua-tion (1), car si

$$F(\alpha).\varphi(\alpha) < 0$$

est une inidentité, $\varphi(\alpha)$ étant négatif et non infini, on a l'inidentité

$$F(\alpha) > 0.$$

Conclusion : Les solutions des deux inéquations étant les mêmes, ces deux inéquations sont équivalentes.

56. Remarque. — Le raisonnement subsiste évidemment quand la quantité par laquelle on multiplie ou divise ne contient pas l'inconnue ; il suffit alors qu'elle soit négative.

Application. — Les inéquations

$$- 3x > 2 \quad \text{et} \quad x < - \frac{2}{3}$$

sont équivalentes.

57. Remarque. — Si certains termes d'une inéquation ont des dénominateurs, et si ces dénominateurs sont numériques, c'est-à-dire ne contiennent pas l'inconnue, il sera possible de trouver une quantité algébrique A, multiple de tous les dénominateurs, et dont le signe sera connu. En multipliant les deux membres de l'inéquation par la quantité A, et changeant le sens de l'inéquation si A est négatif, on chassera les dénominateurs et on obtiendra une inéquation équivalente à la proposée.

Application. — 1° Les inéquations

$$\frac{x - 1}{3} > \frac{x}{2} - 3$$

et

$$2(x - 1) > 3x - 18$$

sont équivalentes.

2° Les inéquations

$$\frac{x - 1}{- 3} > \frac{x}{2} - 3$$

et

$$2(x - 1) < - 3x + 18$$

sont équivalentes.

58. Remarque. — Quand on multiplie ou divise les deux membres d'une inéquation par une même quantité qui ne satisfait pas aux conditions imposées à $\varphi(x)$ dans les deux théorèmes 53 et 55, *on n'obtient pas, en général,* une inéquation équivalente.

Une discussion est nécessaire.

Nous allons traiter quelques questions particulières qui faciliteront cette discussion, dans les diverses applications qui pourront se présenter.

59. Soit l'inéquation

$$(1) \qquad F(x) . \varphi(x) = 0,$$

dans laquelle je suppose que les fonctions $F(x)$ et $\varphi(x)$ sont des polynômes entiers en x.

Je remarque d'abord que si l'une de ces fonctions devient nulle, ce ne peut être que pour une valeur finie donnée à x. Il est donc impossible que le produit $F(x).\varphi(x)$ se présente sous la forme indéterminée $0 \times \infty$. Par conséquent, pour qu'un nombre α soit solution de cette inéquation, il faut et il suffit que ce nombre rende de même signe les deux facteurs $F(x)$ et $\varphi(x)$.

Les solutions de l'inéquation (1) sont par suite les solutions communes à

$$(2) \qquad \begin{cases} F(x) > 0 \\ \varphi(x) > 0, \end{cases}$$

ainsi que les solutions communes à

$$(3) \qquad \begin{cases} F(x) < 0 \\ \varphi(x) < 0. \end{cases}$$

60. Définition. — Lorsque deux inéquations doivent être satisfaites simultanément, on dit qu'elles forment *un système d'inéquations simultanées.* Les solutions du système sont les solutions communes aux deux inéquations.

Application. — L'inéquation

$$(x - a)(x + a) > 0$$

admet pour solutions celles des systèmes

$$\begin{cases} x - a > 0 \\ x + a > 0 \end{cases} \quad \text{et} \quad \begin{cases} x - a < 0 \\ x + a < 0. \end{cases}$$

61. *Cas particulier.* — Supposons que $\varphi(x)$ ne puisse pas devenir négatif.

Aucun nombre ne satisfait simultanément au système

$$\begin{cases} F(x) < 0 \\ \varphi(x) < 0. \end{cases}$$

Les solutions de l'inéquation

$$(1) \qquad F(x).\varphi(x) > 0$$

sont donc celles du système

$$\begin{cases} F(x) > 0 \\ \varphi(x) > 0. \end{cases}$$

Si, en outre, $\varphi(x)$ ne peut pas s'annuler, ou si aucune des solutions de

(2)
$$F(x) > 0.$$

n'annule $\varphi(x)$, les inéquations (1) et (2) sont équivalentes.

Mais si certaines solutions de (2) sont racines de l'équation

$$\varphi(x) = 0,$$

ces solutions ne satisfont pas à l'inéquation

$$\varphi(x) > 0,$$

et les inéquations (1) et (2) ne sont pas équivalentes.

Exemples :

1° Les inéquations

$$(x - 1)(x^2 + x + 1) > 0,$$
$$x - 1 > 0$$

sont équivalentes, car $x^2 + x + 1$, qui est égal à

$$\left(x + \frac{1}{2}\right)^2 + \frac{3}{4},$$

n'est jamais nul et est toujours positif.

2° Les inéquations
$$(x - 2)(x - 1)^2 > 0,$$
$$x - 2 > 0$$

sont équivalentes. En effet, aucune des solutions de la seconde inéquation n'annule $(x - 1)^2$.

3° Les inéquations
$$(x - 1)(x - 2)^2 > 0,$$
$$(x - 1) > 0$$

ne sont pas équivalentes. Le nombre 2, qui est solution de la seconde inéquation, ne convient pas à la première, puisqu'il annule le facteur $(x - 2)^2$.

62. Soit l'inéquation

(1)
$$\frac{F(x)}{\varphi(x)} > 0.$$

dans laquelle $F(x)$ et $\varphi(x)$ sont des polynômes entiers en x.

Je remarque d'abord qu'une racine de l'équation

$$\varphi(x) = 0$$

peut être solution de l'inéquation (1).

Soit

$$\frac{(x-1)(x-2)}{(x-3)^2} > 0.$$

Tous les nombres supérieurs à 2 rendent le numérateur positif.

Le dénominateur étant toujours positif ou nul, pour $x = 3$ le premier membre de l'inéquation devient $+ \infty$; 3 est une solution.

Le contraire peut également se présenter.

Soit

$$\frac{(x-1)(x-3)}{(x-2)^2} > 0.$$

Tous les nombres compris entre 1 et 3 rendent le numérateur négatif. Le dénominateur étant toujours positif ou nul, pour $x = 2$ le premier membre de l'inéquation est $- \infty$; 2 n'est pas une solution.

Cette remarque faite, *faisons abstraction* des solutions de l'inéquation qui sont racines de l'équation

$$\varphi(x) = 0.$$

Dans cette hypothèse, l'inéquation

$$(1) \qquad \frac{F(x)}{\varphi(x)} > 0$$

est équivalente à l'ensemble des deux systèmes

$$(2) \qquad \begin{array}{l} F(x) > 0 \\ \varphi(x) > 0 \end{array} \Big\} \quad \text{et} \quad \left\{ \begin{array}{l} F(x) < 0 \\ \varphi(x) < 0. \end{array} \right.$$

En effet, soit α une solution de l'inéquation (1).

Par hypothèse, $\varphi(\alpha)$ n'est pas nul. $F(\alpha)$ ne l'est pas non plus, car alors on aurait

$$\frac{F(\alpha)}{\varphi(\alpha)} = 0,$$

et α ne serait pas une solution de l'inéquation (1).

Les deux quantités $F(\alpha)$ et $\varphi(\alpha)$, dont le quotient est positif, sont donc de même signe. α est une solution de l'un des deux systèmes (2).

Réciproquement, toute solution de l'un des systèmes (2) est évidemment une solution de l'inéquation (1).

La proposition est établie.

Conséquence : Pour résoudre une inéquation de la forme (1), on pourra résoudre séparément les deux systèmes (2), examiner ensuite si certaines racines de $\varphi(x) = 0$ sont des solutions de l'inéquation et, si le fait se présente, joindre ces solutions à celles des deux systèmes.

63. REMARQUE. — De l'étude précédente, il résulte que les deux inéquations

$$F(x).\varphi(x) > 0 \quad \text{et} \quad \frac{F(x)}{\varphi(x)} > 0$$

peuvent ne pas être équivalentes.

Des relations conditionnelles.

64. Nous désignerons sous ce nom toute relation de l'une des deux formes

$$F(x) \geqslant f(x), \qquad F(x) \leqslant f(x),$$

c'est-à-dire toute relation qui est, soit une inéquation, soit une équation entre les deux mêmes fonctions.

Nous appellerons *solutions* de la *relation*, l'ensemble des solutions de l'inéquation et des racines de l'équation.

Deux *relations conditionnelles* seront équivalentes, lorsqu'elles admettront les mêmes solutions.

65. THÉORÈME. — *Lorsqu'on ajoute ou retranche une même quantité aux deux membres d'une relation conditionnelle, on a une relation équivalente.*

Ce théorème est une conséquence des théorèmes 34 et 50.

66. COROLLAIRE. — Lorsqu'on fait passer un terme d'un membre dans l'autre, en changeant son signe, on a une relation équivalente.

67. COROLLAIRE. — Une relation conditionnelle étant donnée, on peut toujours en trouver une autre équivalente de la forme

$$F(x) \geqslant 0.$$

68. THÉORÈME. — *Lorsqu'on multiplie ou divise les deux membres d'une relation conditionnelle par une même quantité qui ne peut devenir,* NI NULLE, NI INFINIE, NI NÉGATIVE, *on obtient une relation équivalente* (voir nos 38 et 53).

69. Théorème. — *Lorsqu'on multiplie ou divise les deux membres d'une relation conditionnelle par une même quantité qui ne peut devenir,* NI NULLE, NI INFINIE, NI POSITIVE, *et que l'on change le sens de l'inéquation contenue dans la relation, on a une relation équivalente* (voir n°s 38 et 55).

70. Remarque. — On pourra chasser les dénominateurs d'une relation conditionnelle, dans les mêmes circonstances que pour les inéquations.

71. Remarque. — $F(x)$ et $\varphi(x)$ étant des polynômes entiers en x, la relation

$$F(x) . \varphi(x) \geqslant 0$$

admet les mêmes solutions que l'ensemble des deux systèmes

$$\left. \begin{array}{l} F(x) \geqslant 0 \\ \varphi(x) \geqslant 0 \end{array} \right\} \qquad \left\{ \begin{array}{l} F(x) \leqslant 0 \\ \varphi(x) \leqslant 0. \end{array} \right.$$

72. Remarque. — $F(x)$ et $\varphi(x)$ étant des polynômes entiers en x, la relation

$$(1) \qquad \frac{F(x)}{\varphi(x)} \geqslant 0,$$

quand on fait abstraction de celles des solutions qui sont racines de l'équation

$$\varphi(x) = 0,$$

est équivalente à l'ensemble des deux systèmes

$$\left. \begin{array}{l} F(x) \geqslant 0 \\ \varphi(x) > 0 \end{array} \right\} \qquad \left\{ \begin{array}{l} F(x) \leqslant 0 \\ \varphi(x) < 0. \end{array} \right.$$

Si l'on considère toutes les solutions de l'inéquation (1), on constate sans peine qu'elles sont des solutions de l'un ou l'autre des systèmes

$$(2) \qquad \left. \begin{array}{l} F(x) \geqslant 0 \\ \varphi(x) \geqslant 0 \end{array} \right\} \qquad \left\{ \begin{array}{l} F(x) \leqslant 0 \\ \varphi(x) \leqslant 0; \end{array} \right.$$

mais la réciproque n'est pas vraie, car une racine de l'équation

$$\varphi(x) = 0$$

peut n'être pas une solution de la relation (1).

Exemples :

1° Soit la relation

$$\frac{(x-1)(x-3)}{(x-2)^2} \geqslant 0 \quad \text{(voir n° 62)}.$$

2, qui est une solution des systèmes (2), n'est pas solution de la relation (1).

2° Soit

$$\frac{(x-1)(x-2)}{x-1} \geqslant 0.$$

Le premier membre est en réalité $(x-2)$.

L'inéquation n'admet pas la solution $x = 1$; c'est cependant une solution des systèmes (2).

73. REMARQUE. — Quelquefois, on substitue à la relation

$$\frac{F(x)}{\varphi(x)} \geqslant 0$$

la relation, évidemment équivalente,

$$\frac{F(x) \cdot \varphi(x)}{[\varphi(x)]^2} \geqslant 0,$$

puis on chasse le dénominateur, ce qui fournit la relation

$$F(x) \cdot \varphi(x) \geqslant 0.$$

Cette dernière relation pouvant ne pas être équivalente à la première, *une discussion est nécessaire.*

DES ÉQUATIONS ET DES INÉQUATIONS

DU PREMIER DEGRÉ A UNE INCONNUE

---

74. Définition. — Lorsque la fonction $F(x)$ est un polynôme entier en x du m^e degré, on dit que l'équation

$$F(x) = 0$$

et les inéquations

$$F(x) > 0 \qquad \text{et} \qquad F(x) < 0$$

sont du m^e degré.

Exemples :

$$2x - 3 = 0$$

est une équation du premier degré ;

$$2x^2 - 3x + 1 = 0$$

est une équation du second degré.

De même,

$$\left. \begin{matrix} 2x - 3 > 0 \\ 2x - 3 < 0 \end{matrix} \right\} \qquad \text{et} \qquad \left\{ \begin{matrix} 2x^2 - 3x + 1 > 0 \\ 2x^2 - 3x + 1 < 0 \end{matrix} \right.$$

sont des inéquations, les premières, du premier degré ; les secondes, du second degré.

75. Remarque. — Lorsque nous parlerons d'une équation d'un certain degré, il sera toujours sous-entendu que cette équation est de la forme

$$F(x) = 0,$$

$F(x)$ étant un polynôme entier en x.

Nous ferons la même observation relativement aux inéquations.

RÉSOLUTION DE L'ÉQUATION DU PREMIER DEGRÉ

76. Si l'on désigne par a et b des quantités algébriques quelconques, et si l'on suppose $a \neq 0$ (lisez : différent de zéro), tout polynôme du premier degré, entier en x, est de la forme

$$ax + b.$$

Il s'ensuit que toute équation du premier degré est de la forme

(1) $$ax + b = 0.$$

a et b sont dits les *coefficients* de l'équation.

Je me propose de trouver une *formule* qui permette de calculer *la* ou *les* racines d'une équation du premier degré quelconque.

Puisqu'on a $a \neq 0$, on obtient une équation équivalente (39) en divisant par a les deux membres de l'équation (1).

Ceci donne l'équation

$$x + \frac{b}{a} = 0,$$

qui est équivalente (36) à la suivante :

$$x = -\frac{b}{a}.$$

Or, cette dernière admet évidemment la racine unique $-\frac{b}{a}$. L'équation (1) admet donc une racine unique, donnée par la formule

(2) $$x = -\frac{b}{a}.$$

REMARQUE. — Si $b = 0$, la racine est zéro.

Application. — Soit l'équation

$$-2x + 3 = 0.$$

On a

$$a = -2, \qquad b = 3.$$

L'équation admet la racine $x = \dfrac{-3}{-2} = \dfrac{3}{2}.$

77. Remarque. — Soit l'équation

$$f(x) = f'(a).$$

Si l'expression $f(x) - f'(x)$ est un polynôme entier en x, du premier degré, cette équation peut être résolue, car les équations

$$f(x) = f'(x)$$

et

$$f(x) - f'(x) = 0$$

sont équivalentes, et nous savons résoudre la seconde.

Applications :

1° Soit l'équation

$$\frac{x}{2} - \frac{x}{3} - 1 = x - \frac{1}{3}.$$

Elle équivaut à

$$x\left(\frac{1}{2} - \frac{1}{3} - 1\right) - 1 + \frac{1}{3} = 0$$

ou à

$$-\frac{5x}{6} - \frac{2}{3} = 0.$$

Ici,

$$a = -\frac{5}{6}, \qquad b = -\frac{2}{3},$$

$$-\frac{b}{a} = -\frac{2 \times 6}{3 \times 5} = -\frac{4}{5}.$$

L'équation admet la racine $x = -\frac{4}{5}$.

Remarque. — On aurait simplifié les calculs en chassant les dénominateurs (40).

2° Soit

(1) $\quad (x - a)(x - b) = (x - b)(x + b) - (x - a)(a - b).$

Nous avons

$$f(x) - f'(x) = -2bx + 2ab + b^2 - a^2,$$

et l'équation

$$-2bx + 2ab + b^2 - a^2 = 0$$

est équivalente à la proposée.

Si $b \neq 0$, cette équation est du premier degré.

Elle a une seule racine :

$$x = \frac{2ab + b^2 - a^2}{2b}.$$

L'équation (1), dans l'hypothèse $b \neq 0$, admet donc la racine unique

$$x = \frac{2ab + b^2 - a^2}{2b}.$$

78. Remarque. — Nous pouvons même résoudre toute équation de la forme

$$f(x) = f'(x),$$

qui, sans être équivalente à une équation du premier degré, fournit cette équation quand on opère comme aux n°s 45, 46 et 49.

Rappelons que, puisque l'équivalence peut ne pas exister, une discussion est nécessaire.

Applications :

1° Soit l'équation déjà examinée au n° 46 :

(1)
$$\frac{x + a}{x - a} + \frac{x + b}{x - b} - 2 = 0.$$

Chassons les dénominateurs en multipliant les deux membres par

$$\varphi(x) = (x - a)(x - b).$$

Après avoir divisé par 2 les deux membres de l'équation obtenue, nous trouvons

$$x(a + b) - 2ab = 0.$$

Si l'on a $a + b \neq 0$, cette équation est du premier degré. Elle admet la racine unique

$$x = \frac{2ab}{a + b}.$$

Or, nous avons vu (46) que la multiplication par $\varphi(x)$ n'a pas introduit de racines étrangères, mais que cette opération a fait perdre la racine $x = \infty$.

Par conséquent, l'équation (1) admet les deux racines

$$x = \infty,$$
$$x = \frac{2ab}{a + b},$$

dans l'hypothèse $a + b \neq 0$.

2° Soit l'équation

(1) $$\sqrt{x-1} + \sqrt{x-4} = 3.$$

Elle équivaut à

$$\sqrt{x-4} = 3 - \sqrt{x-1}.$$

Élevant au carré les deux membres de cette équation, on trouve, après simplification,

$$\sqrt{x-1} = 2.$$

Élevant encore une fois au carré, il vient

(2) $$x - 5 = 0.$$

Cette équation a une seule racine: $x = 5$.

D'ailleurs, on sait (49) que l'équation (2) admet toutes les racines de l'équation (1) ; on sait de plus qu'elle peut admettre des racines étrangères.

Il en résulte que l'équation (1), ou bien admet la racine $x = 5$, ou bien n'a pas de racine.

Comme la valeur 5, donnée à x, transforme l'équation (1) en identité, cette équation a une seule racine :

$$x = 5.$$

En appliquant le même calcul à l'équation

(3) $$\sqrt{x-1} - \sqrt{x-4} = 3,$$

on reproduit l'équation (2). Le nombre 5 ne satisfaisant pas à l'équation (3), cette équation n'a pas de racine.

79. REMARQUE. — Citons enfin une dernière catégorie d'équations dont la résolution sera désormais possible.

Supposons qu'après avoir fait passer tous les termes du second membre dans le premier, on ait une équation de la forme

(1) $$F(x) . \varphi(x) = 0,$$

$F(x)$ et $\varphi(x)$ étant des polynômes entiers en x du premier degré.

Nous avons vu (44) que l'équation (1) se décompose dans les deux suivantes :

$$F(x) = 0,$$

(2)

$$\varphi(x) = 0$$

En d'autres termes, ses racines sont celles des équations (2). Or, on peut résoudre ces équations. L'équation (1) peut donc être résolue.

Application. — L'équation

$$(x - a)(x - b) = 0$$

a pour racines celles des équations

$$x - a = 0 \quad \text{et} \quad x - b = 0,$$

c'est-à-dire les nombres a et b.

80. REMARQUE. — Revenons à l'équation générale

$$(1) \qquad ax + b = 0,$$

et supposons que, le coefficient b restant fixe, le coefficient a soit une quantité variable dont la valeur absolue diminue de plus en plus, jusqu'à zéro. La valeur absolue de la racine $x = -\dfrac{b}{a}$ devient de plus en plus grande et croît au delà de toute limite. On dit alors que l'équation (1) a une racine infinie, pour $a = 0$.

81. REMARQUE. — S'il arrivait que, a et b variant simultanément, l'on eût à la fois : $a = 0$, $b = 0$, l'équation serait alors une identité. Toute valeur donnée à x satisferait à l'équation, qui aurait une infinité de racines.

82. REMARQUE. — Pour que deux équations du premier degré

$$ax + b = 0$$

et

$$a'x + b' = 0$$

a ent la même racine, il faut et il suffit que

$$-\frac{b}{a} = -\frac{b'}{a'}$$

ou

$$\frac{a}{a'} = \frac{b}{b'},$$

c'est-à-dire que les coefficients correspondants, dans les équations, soient proportionnels.

3

RÉSOLUTION DES INÉQUATIONS DU PREMIER DEGRÉ

83. Toute inéquation du premier degré est de l'une des deux formes

$$ax + b > 0, \qquad ax + b < 0.$$

Les coefficients a et b sont des nombres algébriques quelconques ; cependant on suppose

$$a \neq 0,$$

puisque le premier membre de l'inéquation doit être un polynôme du premier degré.

La seconde inéquation étant équivalente à la suivante :

$$- (ax + b) > 0,$$

qui a la même forme que la première, je ne m'occuperai que de celle-ci.

84. Pour résoudre une telle inéquation, nous remarquerons que l'inéquation

$$ax > - b$$

est équivalente (50) à la proposée, puis nous distinguerons deux cas :

1° $$a > 0.$$

L'inéquation (voir 54)

$$x > - \frac{b}{a}$$

est équivalente à la proposée.

Cette inéquation a pour solutions tous les nombres supérieurs à $- \dfrac{b}{a}$.

Il en est de même de la première, qui, par suite, est résolue.

2° $$a < 0.$$

L'inéquation (voir 56)

$$x < - \frac{b}{a}$$

est équivalente à la proposée.

Cette inéquation a pour solutions tous les nombres inférieurs à $- \dfrac{b}{a}$.

Il en est de même de la première, qui, par suite, est résolue.

Conclusion : L'inéquation du premier degré

$$ax + b > 0$$

a une infinité de solutions.

Ce sont tous les nombres supérieurs à $-\dfrac{b}{a}$, si a est positif.

Ce sont tous les nombres inférieurs à $-\dfrac{b}{a}$, si a est négatif.

REMARQUE. — La valeur remarquable $-\dfrac{b}{a}$ est la racine de l'équation

$$ax + b = 0.$$

85. REMARQUE. — Nous pourrons, dorénavant, résoudre toute iné-quation de la forme

dans laquelle $\qquad f(x) > f'(x)$,

$$f(x) - f'(x)$$

est un polynôme du premier degré en x, car les inéquations

$$f(x) > f'(x),$$

$$f(x) - f'(x) > 0$$

sont équivalentes.

Applications :

1° Soit

$$x - 3 > 2 - x.$$

Cette inéquation équivaut à

$$2x - 5 > 0.$$

Elle admet pour solutions tous les nombres supérieurs à $\dfrac{5}{2}$.

2° Soit

$$x - 3 < 2 - x.$$

Cette inéquation équivaut à

$$- 2x + 5 > 0.$$

Elle admet pour solutions tous les nombres inférieurs à $\dfrac{5}{2}$.

86. REMARQUE. — Soit l'inéquation

$$F(x) . \varphi(x) > 0,$$

dans laquelle les fonctions $F(x)$ et $\varphi(x)$ sont des polynômes du premier degré en x.

Cette inéquation (voir 59) équivaut à l'ensemble des deux systèmes d'inéquations simultanées :

$$\left.\begin{array}{l} F(x) > 0 \\ \varphi(x) > 0 \end{array}\right\} \quad \text{et} \quad \left\{\begin{array}{l} F(x) < 0 \\ \varphi(x) < 0. \end{array}\right.$$

Comme on peut résoudre chacune de ces inéquations, et, par suite, chacun des systèmes, on peut résoudre l'inéquation proposée.

Applications :

1º Soit l'inéquation

(1) $$(x - 1)(x - 2) > 0.$$

Le système

$$\left.\begin{array}{l} x - 1 > 0 \\ x - 2 > 0 \end{array}\right\} \quad \text{équivaut à} \quad \left\{\begin{array}{l} x > 1 \\ x > 2. \end{array}\right.$$

Il a pour solutions tous les nombres supérieurs à 2.

Le système

$$\left.\begin{array}{l} x - 1 < 0 \\ x - 2 < 0 \end{array}\right\} \quad \text{équivaut à} \quad \left\{\begin{array}{l} x < 1 \\ x < 2. \end{array}\right.$$

Il a pour solutions tous les nombres inférieurs à 1.

Les solutions de l'inéquation (1) sont donc tous les nombres inférieurs à 1 et tous les nombres supérieurs à 2.

2º Soit l'inéquation

(1) $$(x - 1)(x - 2) < 0.$$

Je lis

$$- (x - 1)(x - 2) > 0$$

ou

$$(1 - x)(x - 2) > 0.$$

Le système

$$\left.\begin{array}{l} 1 - x > 0 \\ x - 2 > 0 \end{array}\right\} \quad \text{équivaut à} \quad \left\{\begin{array}{l} x < 1 \\ x > 2; \end{array}\right.$$

il n'a pas de solution.

Le système

$$\left.\begin{array}{l} 1 - x < 0 \\ x - 2 < 0 \end{array}\right\} \quad \text{équivaut à} \quad \left\{\begin{array}{l} x > 1 \\ x < 2; \end{array}\right.$$

il a pour solutions tous les nombres compris entre 1 et 2.

Les solutions de l'inéquation (1) sont donc tous les nombres compris entre 1 et 2.

87. REMARQUE. — Soit l'inéquation

(1)
$$\frac{F(x)}{\varphi(x)} > 0,$$

dans laquelle les fonctions $F(x)$ et $\varphi(x)$ sont des polynômes du premier degré en x.

Abstraction faite de la racine de l'équation

$$\varphi(x) = 0,$$

qui peut (62) être une solution de l'inéquation (1), les solutions de cette inéquation sont celles des deux systèmes

$$\left.\begin{array}{l} F(x) > 0 \\ \varphi(x) > 0 \end{array}\right\} \quad \text{et} \quad \left\{\begin{array}{l} F(x) < 0 \\ \varphi(x) < 0. \end{array}\right.$$

On peut résoudre ces systèmes et connaître la racine de l'équation

$$\varphi(x) = 0 ;$$

il est donc possible de résoudre l'inéquation (1).

Applications :

1º Soit

$$\frac{x - 1}{x - 2} > 0.$$

Nous venons de voir que l'ensemble des deux systèmes

$$\left.\begin{array}{l} x - 1 > 0 \\ x - 2 > 0 \end{array}\right\} \quad \text{et} \quad \left\{\begin{array}{l} x - 1 < 0 \\ x - 2 < 0 \end{array}\right.$$

a pour solutions tous les nombres inférieurs à 1 et tous les nombres supérieurs à 2. L'inéquation admet donc déjà ces solutions.

D'ailleurs, l'équation

$$x - 2 = 0$$

a pour racine le nombre 2, et quand on fait décroître x depuis une valeur quelconque supérieure à 2 jusqu'à 2, la fraction $\dfrac{x - 1}{x - 2}$ croît jusqu'à $+ \infty$. Le nombre 2 est donc encore une solution de l'inéquation.

Ainsi, l'inéquation admet pour solution tous les nombres inférieurs à 1 et tous les nombres *depuis* 2 jusqu'à $+ \infty$.

2° Soit

$$\frac{x - 1}{x - 2} < 0.$$

Je lis

$$\frac{1 - x}{x - 2} > 0,$$

et, en raisonnant comme précédemment, j'arrive à la conclusion suivante:

Les solutions sont tous les nombres supérieurs à 1 et inférieurs à 2, plus le nombre 2.

Résolution des relations conditionnelles du premier degré.

88. La résolution des relations conditionnelles du premier degré est une conséquence immédiate de la résolution de l'équation et des inéquations du premier degré.

Nous nous bornerons à indiquer les résultats, après avoir remarqué que, comme pour les inéquations, il suffit de considérer une relation de la forme

$$ax + b \geqslant 0.$$

1° $a > 0$. — Les solutions sous tous les nombres depuis $- \dfrac{b}{a}$ jusqu'à $+ \infty$ ($- \dfrac{b}{a}$ compris).

2° $a < 0$. — Les solutions sont tous les nombres depuis $- \infty$ jusqu'à $- \dfrac{b}{a}$ $\left(- \dfrac{b}{a} \text{ compris} \right)$.

Applications :

1° Soit la relation conditionnelle

$$(x - 1)(x - 2) \geqslant 0.$$

Les solutions sont tous les nombres définis par

$$- \infty \leqslant x \leqslant 1 \qquad \text{et} \qquad 2 \leqslant x \leqslant + \infty .$$

2° Soit

$$(x - 1)(x - 2) \leqslant 0.$$

Les solutions sont tous les nombres définis par

$$1 \leqslant x \leqslant 2.$$

3° Soit

$$\frac{(x - 1)}{x - 2} \geqslant 0.$$

Les solutions sont tous les nombres définis par

$$- \infty \leqslant x \leqslant 1 \quad \text{et} \quad 2 \leqslant x \leqslant + \infty.$$

4° Soit

$$\frac{x - 1}{x - 2} \leqslant 0.$$

Les solutions sont tous les nombres définis par

$$1 \leqslant x \leqslant 2.$$

Détermination du signe que prend la fonction
$$F(x) = ax + b,$$
du premier degré en x, quand on donne à x une valeur quelconque depuis $- \infty$ jusqu'à $+ \infty$.

89. On a

$$F(x) = a \left(x + \frac{b}{a} \right)$$
$$= a \left(x - \frac{-b}{a} \right).$$

1° Si x est inférieur à $- \dfrac{b}{a}$, $\left(x - \dfrac{-b}{a} \right)$ est négatif.
$F(x)$ a le signe de $- a$.

2° Si $x = - \dfrac{b}{a}$, $F(x) = 0$.

3° Si x est supérieur à $- \dfrac{b}{a}$, $\left(x - \dfrac{-b}{a} \right)$ est positif.
$F(x)$ a le signe de $+ a$.

DE L'ÉQUATION

DU SECOND DEGRÉ A UNE INCONNUE

---

90. Si l'on désigne par a, b, c des quantités algébriques quelconques et si l'on suppose $a \neq 0$, b et c pouvant être nuls, tout polynôme entier en x du second degré peut être représenté par

$$ax^2 + bx + c.$$

Toute équation du second degré à une inconnue est donc de la forme

$$ax^2 + bx + c = 0.$$

a, b, c sont dits les coefficients de l'équation.

Je me propose de trouver une ou plusieurs *formules* qui permettent de calculer les racines d'une équation du second degré quelconque.

91. THÉORÈME. — *Les racines de l'équation*

(1) $$(ax + b)(a'x + b') = 0,$$

où l'on suppose que a *et* a' *sont différents de zéro, sont celles des deux équations du premier degré*

(2) $$\begin{aligned} ax + b &= 0, \\ a'x + b' &= 0. \end{aligned}$$

On pourrait dire (44) que l'équation (1) se décompose dans les deux équations (2). Cependant, à cause de l'importance de ce théorème, nous allons en donner une démonstration directe.

1° Toute racine α de l'équation (1) est racine de l'une des équations (2), car si les quantités

$$a\alpha + b \quad \text{et} \quad a'\alpha + b'$$

étaient toutes deux différentes de zéro, leur produit ne pourrait pas être nul.

2° La racine de l'une quelconque des équations (2) est une racine de l'équation (1). En effet, si α est la racine de l'équation

$$ax + b = 0,$$

comme a n'est pas nul, cette racine n'est pas infinie, la quantité $a'\alpha + b'$ n'est pas infinie, et le produit

$$(a\alpha + b)(a'\alpha + b'),$$

dans lequel un facteur est nul et l'autre fini, est nécessairement nul.

Le théorème est démontré.

92. REMARQUE. — Si l'on a

$$a' = a, \qquad b' = b,$$

l'équation (1) devient

$$(ax + b)^2 = 0.$$

Elle admet une seule racine, celle de l'équation

$$ax + b = 0.$$

93. THÉORÈME. — *L'équation*

$$(ax + b)^2 + A = 0,$$

dans laquelle on suppose $a \neq 0$ *et* A *positif, n'admet aucune racine.*

En effet, quelle que soit la valeur donnée à x, le carré $(ax + b)^2$ est toujours positif ou nul. Par suite, la somme $(ax + b)^2 + A$ n'est jamais nulle.

94. THÉORÈME. — *Un nombre algébrique* A *étant donné, si ce nombre est positif, il existe deux nombres algébriques, et seulement deux, qui, élevés au carré, reproduisent* A; *si ce nombre est négatif, il n'en existe aucun.*

Pour qu'un nombre x, élevé au carré, reproduise A, il faut et il suffit qu'il soit racine de l'équation

$$x^2 = A$$

ou de l'équation équivalente

$$(1) \qquad x^2 - A = 0.$$

1° Soit $A > 0$. Désignons par A' la valeur absolue de A.

Il existe un nombre arithmétique, commensurable ou non, représenté par $\sqrt{A'}$, qui, élevé au carré, reproduit A'. On a donc l'identité

$$A = + \left(\sqrt{A'}\right)^2.$$

L'équation (1) peut alors s'écrire

$$x^2 - \left(\sqrt{A'}\right)^2 = 0$$

ou bien

(2) $$(x - \sqrt{A'})(x + \sqrt{A'}) = 0,$$

d'après l'identité

$$a^2 - b^2 = (a - b)(a + b).$$

Or, l'équation (2) (voir 91) se décompose dans les deux équations

$$x - \sqrt{A'} = 0, \qquad x + \sqrt{A'} = 0.$$

Elle admet les deux seules racines

$$x = + \sqrt{A'}, \qquad x = - \sqrt{A'}.$$

Il résulte de là que l'équation (1) admet les deux mêmes racines et qu'il existe deux nombres algébriques, et seulement deux, qui, élevés au carré, reproduisent A.

Ces deux nombres sont

$$+ \sqrt{A'} \qquad \text{et} \qquad - \sqrt{A'}.$$

2° Soit $A < 0$. Dans ce cas, l'équation (1) a la forme de l'équation étudiée au n° 93, car $- A$ est un nombre positif. Elle n'a donc aucune racine.

Par conséquent, il n'existe aucun nombre algébrique qui, élevé au carré, donne A.

95. REMARQUE. — Lorsqu'un nombre algébrique, élevé au carré, reproduit un nombre algébrique donné, on dit qu'il est une *racine carrée algébrique* de ce nombre.

96. REMARQUE. — Le théorème précédent a établi que tout nombre positif A a deux racines carrées algébriques. Ces deux racines ont la même valeur absolue: c'est la racine carrée arithmétique de la valeur absolue de A. Leurs signes sont contraires.

Le théorème a montré, de plus, qu'un nombre négatif n'a pas de racine carrée.

97. Remarque. — Pour désigner une racine carrée algébrique, on emploie le même signe que pour désigner une racine carrée arithmétique. Ainsi, le symbole algébrique $\sqrt{A}$ représente l'une quelconque des deux racines carrées algébriques de A, c'est-à-dire l'un des deux nombres $\pm \sqrt{A}$.

Pour fixer les idées, nous supposerons, dans la suite, que le symbole algébrique $\sqrt{A}$ désigne toujours la racine algébrique positive.

Les deux racines carrées algébriques de A seront alors

$$\pm \sqrt{A}.$$

98. Remarque. — Si A devient nul, ce nombre n'a plus qu'une seule racine carrée, qui est zéro.

RÉSOLUTION DE L'ÉQUATION

$$(1) \qquad ax^2 + bx + c = 0, \qquad a \neq 0.$$

99. Multiplions les deux membres de cette équation par $4a$, quantité différente de zéro par hypothèse; nous trouvons l'équation équivalente

$$4a^2x^2 + 4abx + 4ac = 0,$$

qui s'écrit encore

$$4a^2x^2 + 4abx + b^2 - b^2 + 4ac = 0$$

ou

$$(2ax + b)^2 - (b^2 - 4ac) = 0.$$

Cette équation équivaut à

$$(2) \qquad (2ax + b)^2 = b^2 - 4ac.$$

La résolution de l'équation (1) revient donc à celle de l'équation (2).

L'équation (2) signifie que le carré de la fraction $2ax + b$ doit être égal à $b^2 - 4ac$; ou encore que $2ax + b$ doit être une racine carrée algébrique de $b^2 - 4ac$. Nous aurons donc les différentes racines de l'équation (2) en déterminant x de telle sorte que $2ax + b$ soit successivement égal aux différentes racines carrées algébriques de $b^2 - 4ac$.

Trois cas se présentent :

1°
$$b^2 - 4ac < 0.$$

La quantité $b^2 - 4ac$ n'a pas de racine carrée algébrique. Il est impossible de satisfaire à l'équation (2). Cette équation, ainsi que l'équation (1), n'a pas de racine.

2°
$$b^2 - 4ac = 0.$$

Le nombre zéro a une seule racine carrée, qui est zéro. L'équation (2), et par suite l'équation (1), a une seule racine, donnée par

$$2ax + b = 0.$$

C'est

$$x = -\frac{b}{2a}.$$

3°
$$b^2 - 4ac > 0.$$

La quantité $b^2 - 4ac$ a deux racines carrées algébriques, qui sont représentées par

$$+ \sqrt{b^2 - 4ac} \quad \text{et} \quad - \sqrt{b^2 - 4ac}.$$

Les racines de l'équation (2), et par suite celles de l'équation (1), sont les nombres qui satisfont séparément aux équations suivantes :

$$2ax + b = + \sqrt{b^2 - 4ac},$$
$$2ax + b = - \sqrt{b^2 - 4ac}.$$

Ces équations sont du premier degré. Chacune d'elles admet une seule racine. L'équation (1) a donc deux racines et deux seulement, qui sont

$$x' = \frac{- b + \sqrt{b^2 - 4ac}}{2a},$$
$$x'' = \frac{- b - \sqrt{b^2 - 4ac}}{2a}.$$

On les représente ordinairement par la formule unique

$$x = \frac{- b \pm \sqrt{b^2 - 4ac}}{2a}.$$

100. Remarque. — N'ayant fait aucune hypothèse sur les coefficients

b et c, les résultats que nous venons d'obtenir s'appliquent à tous les cas.

Examinons les modifications qu'ils subissent dans certains cas particuliers.

1°
$$c = 0, \qquad b \neq 0.$$

La quantité $b^2 - 4ac$ se réduit à b^2 ; elle est positive. L'équation (1), qui devient

$$ax^2 + bx = 0,$$

a donc deux racines, qui sont

$$x' = \frac{-b + \sqrt{b^2}}{2a}, \qquad x'' = \frac{-b - \sqrt{b^2}}{2a}.$$

Comme nous sommes convenus de désigner par $\sqrt{A}$ la racine algébrique posiuve du nombre A, nous devrons remplacer $\sqrt{b^2}$ par $+ b$, si b est positif, et par $- b$, si b est négatif.

Nous trouverons dans le premier cas

$$x' = 0, \qquad x'' = - \frac{b}{a}.$$

Dans le second, nous aurons

$$x' = - \frac{b}{a}, \qquad x'' = 0.$$

En résumé, quand $c = 0$, l'équation a une racine nulle et une racine égale à $- \frac{b}{a}$.

Remarquons que nous aurions obtenu ce résultat immédiatement en mettant l'équation sous la forme

$$x(ax + b) = 0,$$

et observant qu'elle se décompose dans les deux suivantes :

$$x = 0,$$
$$ax + b = 0.$$

2°
$$b = 0, \qquad c \neq 0.$$

La quantité $b^2 - 4ac$ devient $- 4ac$.

Elle peut être positive ou négative.

Si elle est négative, l'équation n'a pas de racine.

Si elle est positive, l'équation a deux racines, données par

$$x = \frac{\pm \sqrt{-4ac}}{2a} = \pm \sqrt{\frac{-4ac}{4a^2}} = \pm \sqrt{-\frac{c}{a}}.$$

On trouverait facilement les mêmes résultats en partant de l'équation

$$ax^2 + c = 0.$$

3° $\qquad\qquad b = 0, \qquad c = 0.$

Dans ce cas, $b^2 - 4ac = 0.$

L'équation n'a qu'une racine, qui est nulle.

Ce résultat est évident *a priori*.

101. Remarque. — Supposons que la quantité $b^2 - 4ac$, d'abord positive, diminue jusqu'à zéro, a restant fini. Dans cette hypothèse, les deux racines de l'équation varient. La valeur absolue de leur différence étant celle de

$$\frac{\sqrt{b^2 - 4ac}}{a},$$

décroît jusqu'à zéro. Il s'ensuit que lorsque $b^2 - 4ac$ arrive à sa limite, zéro, les deux racines sont égales et égales à $-\dfrac{b}{2a}$.

Remarquons que cette valeur est celle qui a été obtenue dans le cas où $b^2 - 4ac = 0.$

Dans la plupart des questions, l'hypothèse

$$b^2 - 4ac = 0$$

se présente comme nous venons de l'imaginer. Aussi nous dirons, ce qui évidemment n'aura pas d'inconvénient, que lorsque

$$b^2 - 4ac = 0,$$

l'équation a deux *racines égales*.

On dit quelquefois que l'équation a une *racine double*.

102. Remarque. — Une équation du second degré étant donnée, si l'on veut la résoudre, on devra d'abord calculer la quantité $b^2 - 4ac$.

Lorsque cette quantité sera *positive* ou *nulle*, l'équation aura deux racines *distinctes* ou *égales*, données par la formule

$$x = \frac{-b \pm \sqrt{b^2 - 4ac}}{2a}.$$

Lorsque cette quantité sera *négative*, l'équation n'aura pas de racine.

Applications :

1º Soit
$$2x^2 - 3x + 1 = 0.$$

On a
$$a = 2, \quad b = -3, \quad c = 1,$$
$$b^2 - 4ac = 9 - 8 = 1.$$

L'équation a deux racines distinctes, données par

$$x = \frac{3 \pm 1}{4}, \quad \text{ou} \quad \begin{cases} x' = 1 \\ x'' = \frac{1}{2}. \end{cases}$$

2º Soit
$$4x^2 + 4x + 1 = 0.$$

On a
$$a = 4, \quad b = 4, \quad c = 1,$$
$$b^2 - 4ac = 0.$$

L'équation a deux racines égales entre elles et égales à

$$-\frac{4}{8} = -\frac{1}{2}.$$

3º Soit
$$-2x^2 + x - 1 = 0.$$

On a
$$a = -2, \quad b = +1, \quad c = -1,$$
$$b^2 - 4ac = -7.$$

L'équation n'a pas de racine.

103. Remarque. — Supposons qu'au lieu de calculer au préalable la valeur de $b^2 - 4ac$, nous fassions immédiatement l'application de la formule

$$x = \frac{-b \pm \sqrt{b^2 - 4ac}}{2a}.$$

Dans ces conditions, si $b^2 - 4ac < 0$, nous écrivons sous le radical un nombre négatif, et l'expression obtenue *n'a plus de sens*. On lui donne le nom d'expression *imaginaire*, et l'on ajoute que si $b^2 - 4ac < 0$, l'équation a deux *racines imaginaires*.

Par opposition, on est amené à dire que lorsque l'équation a deux racines, elle a deux *racines réelles*, et on appelle *quantité réelle*, toute quantité algébrique *positive* ou *négative*, c'est-à-dire toute quantité formée d'un nombre arithmétique précédé du signe + ou du signe —.

En réalité, la quantité imaginaire est une nouvelle quantité algébrique dont l'introduction dans le calcul fournit des résultats considérables; mais nous sortirions du cadre que nous nous somme tracé, si nous voulions simplement faire pressentir ces résultats. Nous n'ajouterons donc rien aux définitions précédentes et nous continuerons à regarder une équation qui a des *racines imaginaires* comme *n'ayant pas de racine*.

En résumé, si l'on a :

$$\left.\begin{array}{l} b^2 - 4ac > 0, \\ b^2 - 4ac = 0, \\ b^2 - 4ac < 0, \end{array}\right\} \text{ les racines de l'équation sont } \left\{\begin{array}{l} \text{réelles et distinctes,} \\ \text{réelles et égales,} \\ \text{imaginaires.} \end{array}\right.$$

104. Remarque. — La quantité $b^2 - 4ac$ a joué jusqu'à présent un rôle important dans la résolution de l'équation du second degré. Ce rôle ne fera que s'accroître par la suite. En lui donnant un nom particulier, nous rendrons les explications plus claires et les calculs plus faciles, surtout dans les applications.

Puisque, selon le signe de $b^2 - 4ac$, les racines de l'équation sont réelles ou non; en d'autres termes, puisque la *réalité* des racines dépend de cette quantité, nous emploierons pour la désigner le mot *réalisant*.

105. Remarque. — Soit

$$F(x) = ax^2 + bx + c$$

une fonction du second degré.

Nous appellerons *réalisant de cette fonction* le réalisant de l'équation

$$F(x) = 0.$$

Remarquons que le réalisant de la fonction $F(x)$ est le nombre algébrique obtenu en élevant au carré le coefficient du terme du premier degré et retranchant de ce carré quatre fois le produit du coefficient du terme du second degré par le terme indépendant de x.

Applications :

1° Soit

$$F(x) = 2x^2 - 3x - 1.$$

Le réalisant est

$$9 - 4 \times 2(-1) = 9 + 8 = 17.$$

2° Soit

$$F(x) = (a - b)x^2 - 2abx - a^2(a + b).$$

Le réalisant est

$$4a^2b^2 + 4a^2(a^2 - b^2) = 4a^4$$

3° Soit

$$F(x) = \lambda x^2 - (\lambda - 1)x + \lambda.$$

Le réalisant est

$$(\lambda - 1)^2 - 4\lambda^2 = -3\lambda^2 - 2\lambda + 1.$$

Si l'on regarde cette quantité comme une fonction de λ, on a une nouvelle fonction du second degré dont le réalisant est

$$4 + 12 = 16.$$

106. REMARQUE. — Lorsque les coefficients a et c de l'équation du second degré

$$ax^2 + bx + c = 0$$

sont de signes contraires, les racines sont réelles.

En effet, si a et c sont de signes contraires, on a

$$ac < 0,$$

$$-4ac > 0,$$

$$b^2 - 4ac > 0.$$

Application. — Soit

$$\lambda x^2 - 3x - 2\lambda = 0.$$

Quel que soit le signe de λ, les deux quantités λ et -2λ sont de signes contraires. Les racines de cette équation sont donc réelles.

107. REMARQUE. — Lorsque $b = 2b'$, on peut simplifier la formule de résolution de l'équation du second degré.

Cette formule est

$$x = \frac{-b \pm \sqrt{b^2 - 4ac}}{2a}.$$

Elle devient

$$x = \frac{-2b' \pm \sqrt{4b'^2 - 4ac}}{2a}$$

ou bien

$$x = \frac{-b' \pm \sqrt{b'^2 - ac}}{a}.$$

Remarquons que le réalisant est ici $b'^2 - ac$.

4

108. *Application.* — Soit l'équation

$$ax^2 + bx + c - \lambda = 0,$$

dans laquelle on suppose que a, b, c sont donnés, $(a \neq 0)$.

Proposons-nous de chercher les nombres parmi lesquels il faudra prendre la valeur de λ pour que les racines de cette équation soient réelles.

Le réalisant étant

$$b^2 - 4a(c - \lambda),$$

pour que les racines soient réelles, il faut et il suffit que l'on ait

$$b^2 - 4a(c - \lambda) \geqslant 0.$$

Les valeurs demandées sont donc les solutions de la relation conditionnelle

$$b^2 - 4a(c - \lambda) \geqslant 0,$$

dans laquelle λ est l'inconnue.

Cette relation s'écrit

$$4a\lambda + b^2 - 4ac \geqslant 0.$$

Si $a > 0$, elle équivaut (84) à

$$\lambda \geqslant \frac{4ac - b^2}{4a}.$$

Si $a < 0$, elle équivaut (84) à

$$\lambda \leqslant \frac{4ac - b^2}{4a}.$$

Conséquence : Lorsque a est positif, λ peut recevoir une valeur quelconque supérieure ou égale à

$$\frac{4ac - b^2}{4a}.$$

Lorsque a est négatif, λ peut recevoir une valeur quelconque inférieure ou égale à

$$\frac{4ac - b^2}{4a}.$$

Autre formule permettant le calcul des racines.

109. Dans l'hypothèse $c \neq 0$, pour trouver les racines de l'équation

(1) $$ax^2 + bx + c = 0,$$

on peut diriger les calculs d'une autre façon.

Multiplions les deux membres de l'équation par $4c$, quantité différente de zéro. Nous trouvons successivement les équations équivalentes :

$$4acx^2 + 4bcx + 4c^2 = 0,$$
$$(2c + bx)^2 = x^2(b^2 - 4ac),$$

d'où, en raisonnant comme au n° 99,

et $$2c + bx = \pm x \sqrt{b^2 - 4ac},$$

(2) $$x = \frac{2c}{-b \pm \sqrt{b^2 - 4ac}}.$$

Ainsi, dans l'hypothèse $b^2 - 4ac > 0$, l'équation (1) a deux racines fournies par la formule (2).

On constate facilement l'identité de cette formule avec celle qui a été trouvée précédemment, en multipliant les deux termes de la fraction

$$\frac{2c}{-b \pm \sqrt{b^2 - 4ac}}$$

par $-b \mp \sqrt{b^2 - 4ac}$, avec correspondance des signes.

110. Remarquons que n'ayant fait aucune hypothèse sur a, la formule (2) convient encore au cas où $a = 0$.

Pour savoir ce que deviennent les racines de l'équation (1) quand la valeur absolue de a diminue jusqu'à zéro, il suffit donc d'introduire cette hypothèse dans la formule (2).

Le radical $\sqrt{b^2 - 4ac}$ devient $+ b$, si b est positif ; et $- b$, si b est négatif. Le dénominateur de l'une des racines devient $- 2b$; celui de l'autre diminue, en valeur absolue, jusqu'à zéro.

L'une des racines devient $- \dfrac{c}{b}$; la valeur absolue de l'autre croît au delà de toute limite.

En résumé, quand $a = 0$, l'une des racines est égale à $- \dfrac{c}{b}$ (visible *a priori*) ; l'autre est infinie.

Détermination, a priori, du signe des racines d'une équation du second degré.

111. Cette détermination n'a de raison d'être que si les racines sont réelles et distinctes.

Nous supposerons donc
$$b^2 - 4ac > 0.$$

112. Théorème. — *Le produit des racines de l'équation*
$$ax^2 + bx + c = 0$$
est égal au quotient du terme indépendant de x *divisé par le coefficient de* x^2, *c'est-à-dire à* $\dfrac{c}{a}$.

En effet
$$x' = \frac{-b + \sqrt{b^2 - 4ac}}{2a} = \frac{\sqrt{b^2 - 4ac} - b}{2a},$$
$$x'' = \frac{-b - \sqrt{b^2 - 4ac}}{2a} = \frac{-(\sqrt{b^2 - 4ac} + b)}{2a};$$

d'où
$$x'x'' = \frac{-(b^2 - 4ac - b^2)}{4a^2} = \frac{4ac}{4a^2} = \frac{c}{a}.$$

Conséquence :

Si $\dfrac{c}{a} > 0$, les deux racines sont de même signe.

Si $\dfrac{c}{a} < 0$, les deux racines sont de signes contraires.

113. Théorème. — *La somme des racines de l'équation*
$$ax^2 + bx + c = 0$$
est égale au quotient du coefficient de x, *pris en signe contraire, divisé par le coefficient de* x^2, *c'est-à-dire à* $-\dfrac{b}{a}$.

En effet
$$x' = \frac{-b + \sqrt{b^2 - 4ac}}{2a},$$
$$x'' = \frac{-b - \sqrt{b^2 - 4ac}}{2a};$$

d'où
$$x' + x'' = \frac{-2b}{2a} = -\frac{b}{a}.$$

Conséquence : La somme de deux nombres algébriques étant du signe de celui de ces nombres qui a la plus grande valeur absolue :

Si $-\dfrac{b}{a} > 0$, la racine qui a la plus grande valeur absolue est positive.

Si $-\dfrac{b}{a} < 0$, la racine qui a la plus grande valeur absolue est négative.

114. Résumé. — En réunissant les résultats que nous venons d'obtenir, nous arrivons aux conclusions suivantes :

1° Si l'on a

$$\frac{c}{a} > 0,$$

les deux racines sont toutes deux du signe de $-\dfrac{b}{a}$.

2° Si l'on a

$$\frac{c}{a} < 0,$$

les deux racines sont de signes contraires; celle qui a la plus grande valeur absolue est du signe de $-\dfrac{b}{a}$.

Applications :

1° Soit

$$2x^2 - 3x + 1 = 0.$$

Les deux racines sont positives.

2° Soit

$$2x^2 + 3x + 1 = 0.$$

Les deux racines sont négatives.

3° Soit

$$- 2x^2 + 3x + 1 = 0.$$

Les deux racines sont de signes contraires; celle qui a la plus grande valeur absolue est positive.

4° Soit

$$- 2x^2 - 3x + 1 = 0.$$

Les deux racines sont de signes contraires; celle qui a la plus grande valeur absolue est négative.

115. — Théorème. — *Pour que deux équations du second degré*

$$Ax^2 + Bx + C = 0.$$
$$ax^2 + bx + c = 0$$

aient les mêmes racines, il faut et il suffit que les coefficients soient proportionnels, c'est-à-dire que l'on ait

$$\frac{A}{a} = \frac{B}{b} = \frac{C}{c}.$$

1° La condition est nécessaire. En effet, si les racines sont les mêmes, la somme des racines de la première est égale à la somme des racines de la seconde, et

$$-\frac{B}{A} = -\frac{b}{a}.$$

De même, les produits sont égaux, et

$$\frac{C}{A} = \frac{c}{a}.$$

Donc

$$\frac{A}{a} = \frac{B}{b} = \frac{C}{c}.$$

2° La condition est suffisante, car si

$$\frac{A}{a} = \frac{B}{b} = \frac{C}{c},$$

en désignant par k la valeur commune à ces rapports, on a

$$A = ak,$$
$$B = bk,$$
$$C = ck,$$

et la première équation s'écrit

$$k(ax^2 + bx + c) = 0.$$

Elle est équivalente à la seconde (39).

116. Remarque. — Nous aurons souvent besoin de considérer la demi-somme des racines de l'équation

$$cx^2 + bx + c = 0.$$

Constatons qu'elle est égale à $-\dfrac{b}{2a}.$

A ce propos, démontrons le théorème suivant, qui est d'un emploi fréquent.

117. Théorème. — *La demi-somme de deux nombres algébriques est toujours comprise entre ces deux nombres.*

Désignons par a le plus petit de ces nombres et par b le plus grand.

Nous avons l'inidentité

(1) $$a < b.$$

Ajoutons a aux deux membres; il vient (18)

$$2a < a + b,$$

d'où (20)

$$a < \frac{a+b}{2}.$$

Revenons à l'inidentité (1) et ajoutons b aux deux membres. Nous trouvons

$$a + b < 2b,$$

d'où

$$\frac{a+b}{2} < b.$$

En résumé, nous obtenons les inidentités

$$a < \frac{a+b}{2} < b,$$

qui démontrent le théorème.

118. Remarque. — Si l'on désigne par x' et x'' ($x' < x''$) les racines de l'équation

$$ax^2 + bx + c = 0,$$

puisque

$$\frac{x' + x''}{2} = -\frac{b}{2a},$$

on a

$$x' < -\frac{b}{2a} < x''.$$

119. Théorème. — *La condition nécessaire et suffisante pour que les racines, supposées réelles, de l'équation*

$$ax^2 + bx + c = 0, \qquad (a \neq 0),$$

soient de valeurs absolues égales et de signes contraires, est

$$b = 0.$$

En effet, la somme des racines doit être nulle. Comme elle est égale à $-\dfrac{b}{a}$, il faut que

$$b = 0.$$

Cette condition est d'ailleurs suffisante, car nous avons vu (100) que les racines de l'équation

$$ax^2 + c = 0$$

sont les deux nombres

$$+\sqrt{-\dfrac{c}{a}} \quad \text{et} \quad -\sqrt{-\dfrac{c}{a}}.$$

120. Définition. — Discuter les racines d'une équation, c'est :
1° Chercher si ces racines sont réelles ou imaginaires ;
2° Déterminer leurs signes, quand elles sont réelles.
Cette discussion résulte de l'examen :
1° Du signe du réalisant ;
2° Des signes du produit et de la somme des racines.

Application.— *Discuter les racines de l'équation*

$$\lambda x^2 - 2(\lambda - 1)\, x + \lambda + 1 = 0,$$

dans laquelle λ peut recevoir une valeur quelconque depuis $-\infty$ jusqu'à $+\infty$.

1° Le réalisant de cette équation est

$$\rho = (\lambda - 1)^2 - \lambda(\lambda + 1)$$

ou

$$\rho = -3\left(\lambda - \dfrac{1}{3}\right),$$

dont le signe est connu quand on connaît la relation de grandeur des nombres λ et $\dfrac{1}{3}$ (voir n° 89).

2° On a facilement les signes du produit $\dfrac{c}{a}$ et de la somme $-\dfrac{b}{a}$ des racines, quand on connaît les signes des coefficients a, b, c. Ces signes dépendent de la grandeur de λ par rapport à

$$0, \quad 1, \quad -1.$$

Ces remarques faites, la discussion n'offre aucune difficulté.
Elle est résumée dans le tableau suivant :

λ	ρ	a	b	c	$\dfrac{c}{a}$	$-\dfrac{b}{a}$	CONCLUSIONS.
$-\infty$							
	$+$	$-$	$+$	$-$	$+$	$+$	Les racines sont positives.
-1	....	....	....	——	——	....	Une racine change de signe en passant par zéro.
	$+$	$-$	$+$	$+$	$-$	$+$	Les racines sont de signes contraires; celle qui a la plus grande valeur absolue est positive.
0	....	——	....	....	——	——	Une racine change de signe en passant par l'infini.
	$+$	$+$	$+$	$+$	$+$	$-$	Les racines sont négatives.
$\dfrac{1}{3}$	——						Les racines sont égales entre elles et égales à -2.
1	$-$	Les racines sont imaginaires.					
$+\infty$	$-$						

FORMES REMARQUABLES SOUS LESQUELLES ON PEUT METTRE
LA FONCTION DU SECOND DEGRÉ

121. Soit

$$F(x) = ax^2 + bx + c.$$

On a

$$F(x) = a\left(x^2 + \frac{bx}{a} + \frac{c}{a}\right)$$

$$= a\left(x^2 + \frac{bx}{a} + \frac{b^2}{4a^2} - \frac{b^2}{4a^2} + \frac{c}{a}\right)$$

$$= a\left[\left(x + \frac{b}{2a}\right)^2 - \frac{b^2 - 4ac}{4a^2}\right].$$

Trois cas se présentent :

1° $$b^2 - 4ac > 0.$$

La quantité $\dfrac{b^2 - 4ac}{4a^2}$ étant positive, a deux racines carrées algébriques. Considérons l'une d'elles, $\dfrac{\sqrt{b^2 - 4ac}}{2a}$ par exemple. Nous avons l'identité

$$\frac{b^2 - 4ac}{4a^2} = \left(\frac{\sqrt{b^2 - 4ac}}{2a}\right)^2.$$

Par conséquent

$$F(x) = a\left[\left(x + \frac{b}{2a}\right)^2 - \left(\frac{\sqrt{b^2 - 4ac}}{2a}\right)^2\right].$$

La grande parenthèse est une différence de deux carrés.
On a donc

$$F(x) = a\left(x + \frac{b}{2a} - \frac{\sqrt{b^2 - 4ac}}{2a}\right)\left(x + \frac{b}{2a} + \frac{\sqrt{b^2 - 4ac}}{2a}\right)$$

$$= a\left(x - \frac{-b + \sqrt{b^2 - 4ac}}{2a}\right)\left(x - \frac{-b - \sqrt{b^2 - 4ac}}{2a}\right).$$

Posons

$$x' = \frac{-b + \sqrt{b^2 - 4ac}}{2a},$$

$$x'' = \frac{-b - \sqrt{b^2 - 4ac}}{2a}.$$

Il vient enfin

$$F(x) = a(x - x')(x - x'').$$

Remarque. — Nous aurions trouvé le même résultat si nous avions choisi l'autre racine carrée algébrique de $\dfrac{b^2 - 4ac}{4a^2}$.

2° $$b^2 - 4ac = 0.$$

Dans ce cas

$$F(x) = a\left(x + \frac{b}{2a}\right)^2$$

ou bien

$$F(x) = a(x - x')^2,$$

si l'on pose

$$x' = -\frac{b}{2a}.$$

3° $$b^2 - 4ac < 0.$$

Ici,

$$F(x) = a\left[\left(x + \frac{b}{2a}\right)^2 + \frac{4ac - b^2}{4a^2}\right].$$

$\dfrac{4ac - b^2}{4a^2}$ est une quantité positive. En désignant par N l'une de ses racines carrées algébriques et posant

$$x + \frac{b}{2a} = M,$$

il vient

$$F(x) = a(M^2 + N^2).$$

Résumé. — Si l'on a

$$b^2 - 4ac \begin{cases} > 0 \\ = 0 \\ < 0, \end{cases} \qquad F(x) = \begin{cases} a(x - x')(x - x'') \\ a(x - x')^2 \\ a(M^2 + N^2). \end{cases}$$

122. Remarque. — Dans le premier cas, on voit que $F(x)$ s'annule pour les deux valeurs de x que nous avons appelées x' et x'' et ne s'annule que pour ces valeurs. Cela devait être, puisque, dans ce cas, l'équation

$$F(x) = 0$$

a deux racines réelles. Remarquons l'identité, d'ailleurs nécessaire, entre les racines de l'équation et les nombres désignés ici par x' et x''.

Dans le second cas, la fonction $F(x)$ s'annule pour la valeur unique $x = x'$, qui est et doit être la racine double de l'équation

$$F(x) = 0.$$

Enfin, dans le dernier cas, la fonction $F(x)$ ne s'annule jamais, puisque N^2 est différent de zéro et que M^2 est toujours positif ou nul. D'ailleurs, l'équation

$$F(x) = 0$$

a ses racines imaginaires.

Détermination du signe que prend la fonction
$$F(x) = ax^2 + bx + c$$
quand on donne à x successivement toutes les valeurs depuis $-\infty$ jusqu'à $+\infty$.

123. Cette détermination est une conséquence de la question précédente. Comme dans cette question, nous distinguerons donc trois cas :

1° $$b^2 - 4ac > 0.$$

On sait (120) que

$$F(x) = a(x - x')(x - x'').$$

Désignons, pour fixer les idées, par x' la plus petite des quantités x' et x'' et donnons à x une valeur quelconque comprise entre $-\infty$ et x'. $(x - x')$ est négatif; $(x - x'')$ l'est *a fortiori*. Le produit $(x - x')(x - x'')$ est positif.

$F(x)$ est du signe de $+ a$.

Donnons maintenant à x une valeur comprise entre x' et x''. $(x - x')$ est positif; $(x - x'')$ est négatif. Le produit $(x - x')(x - x'')$ est négatif.

$F(x)$ est du signe de $- a$.

Enfin, attribuons à x une valeur quelconque comprise entre x'' et $+\infty$. $(x - x'')$ est positif; $(x - x')$ l'est *a fortiori*. Le produit $(x - x')(x - x'')$ est positif.

$F(x)$ est du signe de $+ a$.

Résumé. — $F(x)$ est du signe de $+ a$ quand on donne à x une valeur extérieure à l'intervalle déterminé par les nombres x' et x''.

$F(x)$ est du signe de $- a$ quand on donne à x une valeur comprise dans cet intervalle.

Rappelons que pour $x = x'$ et $x = x''$ la fonction $F(x)$ est nulle.

2° $$b^2 - 4ac = 0.$$

On sait (120) que

$$F(x) = a(x - x')^2.$$

Quand on donne à x toute autre valeur que x', $(x - x')^2$ est positif. $F(x)$ est du signe de $+ a$.

Rappelons que pour $x = x'$ la fonction $F(x)$ est nulle.

3° $$b^2 - 4ac < 0.$$

Dans ce cas (120)

$$F(x) = a(M^2 + N^2).$$

Quelle que soit la valeur donnée à x, la parenthèse, qui est une somme de deux carrés, est toujours positive.

$F(x)$ est toujours du signe de $+ a$.

124. Remarque. — Constatons que pour $x = \pm \infty$, $F(x)$ est, dans tous les cas, du signe de $+ a$.

125. REMARQUE. — Pour étudier le signe d'une fonction du second degré, *on formera son réalisant*. On saura, dès lors, dans lequel des trois cas précédents on se trouve placé. Il n'y aura plus qu'à appliquer les résultats que nous venons de donner.

126. APPLICATION. — *Démontrer que les racines de l'équation*

$$(a + b + c)x^2 - 2(ab + bc + ca)x + 3abc = 0$$

sont réelles et distinctes lorsque les quantités a, b, c *sont différentes entre elles et différentes de zéro.*

Le réalisant est

$$\rho = (ab + bc + ca)^2 - 3abc(a + b + c)$$

ou

$$\rho = a^2(b^2 - bc + c^2) - abc(b + c) + b^2c^2.$$

Je regarde cette quantité comme une fonction de a.

Cette fonction est du second degré si l'on a

$$A = b^2 - bc + c^2 \neq 0.$$

Elle serait du premier degré si l'on avait

$$A = 0.$$

On voit facilement que A ne peut être nul (122), en considérant cette quantité comme une fonction du second degré en b, formant son réalisant qui est $- 3c^2$, et constatant que ce réalisant est négatif, puisqu'on a $c \neq 0$.

Il résulte de là que ρ est une fonction du second degré en a. Nous aurons donc son signe en employant la méthode indiquée au n° 123.

La fonction ρ a pour réalisant

$$\rho' = b^2c^2(b + c)^2 - 4b^2c^2(b^2 - bc + c^2)$$

ou

$$\rho' = - 3b^2c^2(b - c)^2.$$

Par hypothèse, b et c sont différents entre eux et différents de zéro. ρ' est donc négatif et ρ (123) est du signe du coefficient A de a^2.

D'ailleurs, ce que nous venons de dire relativement à A et à son réalisant $- 3c^2$, montre que A est du signe du coefficient de son premier terme, c'est-à-dire positif.

Conséquence : ρ est positif. Les racines de l'équation proposée sont réelles et distinctes.

SÉPARATION DES RACINES

127. Définition. — Lorsque deux nombres comprennent entre eux une racine d'une équation et une seule, on dit qu'ils *séparent* cette racine.

Séparer les racines d'une équation, c'est donc déterminer un certain nombre d'intervalles tels que chacun d'eux comprenne au plus une racine.

Remarque. — La séparation des racines de l'équation du second degré permettra, dans un grand nombre de questions, d'éviter les calculs souvent difficiles que nécessite l'emploi des formules.

Remarque. — Il ne peut être question de séparer les racines d'une équation du second degré que si ces racines sont réelles.

Nous supposerons donc, dans ce chapitre, que les racines de l'équation considérée *sont réelles*. Nous admettrons même qu'elles sont *distinctes*, car si elles étaient égales, leur valeur commune serait $-\dfrac{b}{2a}$ et le calcul direct n'offrirait aucune difficulté.

128. Théorème. — *Les trois nombres*

$$-\infty, \qquad -\frac{b}{2a}, \qquad +\infty$$

séparent les racines de l'équation

$$ax^2 + bx + c = 0.$$

En effet, nous savons que $-\dfrac{b}{2a}$ est la demi-somme des racines. Nous savons en outre (118) que cette demi-somme est comprise entre les racines. Il y a donc une racine comprise entre $-\infty$ et $-\dfrac{b}{2a}$ et une autre entre $-\dfrac{b}{2a}$ et $+\infty$.

129. Théorème. — *Pour que les nombres α et β séparent une racine de l'équation*

$$F(x) = ax^2 + bx + c = 0,$$

il faut et il suffit que $F(\alpha)$ et $F(\beta)$ soient de signes contraires.

Les racines x' et x'' étant, par hypothèse, réelles, $b^2 - 4ac$ est positif, et (121)

$$F(x) = a(x - x')(x - x'').$$

Supposons que α et β séparent une racine. L'un de ces nombres est nécessairement compris dans l'intervalle $(x'.x'')$ et l'autre est à l'extérieur de cet intervalle. L'un des deux nombres $F(\alpha)$ et $F(\beta)$ est du signe de $- a$ et l'autre du signe de $+ a$ (123).

$F(\alpha)$ et $F(\beta)$ sont de signes contraires.

Réciproquement, si $F(\alpha)$ et $F(\beta)$ sont de signes contraires, les deux nombres α et β ne peuvent être, ni tous deux compris entre x' et x'', ni tous deux en dehors de l'intervalle $(x'.x'')$ (123). Il faut donc que l'un deux soit dans l'intervalle $(x'.x'')$ et l'autre à l'extérieur, c'est-à-dire qu'ils séparent une racine.

130. REMARQUE. — Désignons par x' la plus petite des racines, par α le plus petit des deux nombres α et β, et supposons $F(\alpha)$ et $F(\beta)$ de signes contraires.

L'un des deux nombres $F(\alpha)$ et $F(\beta)$ est du signe de $+ a$; l'autre est du signe de $- a$. Deux cas se présentent :

1° $F(\alpha)$ est du signe de $+ a$; $F(\beta)$ est du signe de $- a$.

$F(+ \infty)$ étant du signe de $+ a$ (124), β et $+ \infty$ séparent une racine; α et β séparent l'autre, et l'on a

$$-\infty < \alpha < x' < \beta < x'' < + \infty.$$

2° $F(\alpha)$ est du signe de $- a$; $F(\beta)$ est du signe de $+ a$.

$F(- \infty)$ étant du signe de $+ a$ (124), $- \infty$ et α séparent une racine; α et β séparent l'autre, et l'on a

$$-\infty < x' < \alpha < x'' < \beta < + \infty.$$

131. REMARQUE. — Lorsque $F(\alpha)$ et $F(\beta)$ sont de même signe, ces nombres sont, ou bien du signe de $- a$, ou bien du signe de $+ a$.

1° S'ils sont du signe de $- a$,

$F(- \infty)$ et $F(+ \infty)$ étant du signe de $+ a$, $- \infty$ et α séparent une racine; β et $+ \infty$ séparent l'autre, et l'on a

$$-\infty < x' < \alpha < \beta < x'' < + \infty.$$

2° S'ils sont du signe de $+ a$,

la suite des nombres

$$-\infty, \quad \alpha, \quad \beta, \quad + \infty$$

ne sépare pas les racines, qui se trouvent alors dans l'un des trois intervalles que forme la suite.

Elles sont d'ailleurs (118) dans l'intervalle qui contient leur demi-somme $-\dfrac{b}{2a}$.

132. *Application.* — Soit l'équation

$$- x^2 + 3x + 2 = 0,$$

dont les racines sont réelles.

Donnons successivement à x les valeurs

$$- \infty, \qquad - 1, \qquad 0, \qquad 3, \qquad 4, \qquad + \infty.$$

Le premier membre de l'équation prend différentes valeurs dont les signes sont

$$- \qquad - \qquad + \qquad + \qquad - \qquad -$$

On a donc

$$- 1 < x' < 0 \qquad \text{et} \qquad 3 < x'' < 4.$$

Considérons particulièrement les nombres 0 et 3.

Les résultats correspondants ayant tous deux le signe de $- a$, les racines sont extérieures à l'intervalle (0.3).

Enfin, considérons les nombres $- 1$ et 4.

Les résultats ayant tous deux le signe de $+ a$, les racines sont dans celui des trois intervalles

$$- \infty \qquad - 1 \qquad 4 \qquad + \infty$$

qui contient leur demi-somme $\dfrac{3}{2}$. Elles sont comprises entre $- 1$ et 4.

133. REMARQUE. — Substituons à x, dans le premier membre de l'équation

$$\mathrm{F}(x) = ax^2 + bx + c = 0,$$

dont nous supposons toujours les racines réelles, les trois nombres

$$- \infty, \qquad \alpha, \qquad + \infty.$$

Nous avons vu (124) que $\mathrm{F}(- \infty)$ et $\mathrm{F}(+ \infty)$ sont du signe de $+ a$.

Si $\mathrm{F}(\alpha)$ est du signe de $- a$, les trois nombres considérés séparent les racines. Par conséquent α est compris entre ces racines.

Si $\mathrm{F}(\alpha)$ est du signe de $+ a$, les racines sont toutes deux dans l'un des deux intervalles

$$- \infty \qquad \alpha \qquad + \infty.$$

Elles sont dans celui qui contient leur demi-somme.

Il résulte de là une méthode pour déterminer les signes des racines de l'équation du second degré, qui, bien que peu différente de celle qui a été exposée plus haut (114), est cependant bonne à connaître.

On calcule

$$F(-\infty), \qquad F(0), \qquad F(+\infty).$$

Si ces trois quantités n'ont pas le même signe, les racines sont de part et d'autre de zéro; elles sont de signes contraires.

Si ces trois quantités ont le même signe, les racines sont dans celui des intervalles

$$-\infty \qquad 0 \qquad +\infty$$

qui contient leur demi-somme; elles ont toutes deux le signe de leur demi-somme.

134. APPLICATION. — *Discuter les racines de l'équation*
$$F(x) = (\lambda - 1)x^2 - 4\lambda x - 2(\lambda + 2) = 0,$$
dans laquelle λ *peut recevoir une valeur quelconque depuis* $-\infty$ *jusqu'à* $+\infty$.

1° Le réalisant de cette équation est

$$16\lambda^2 + 8(\lambda - 1)(\lambda + 2)$$

ou

$$8(3\lambda^2 + \lambda - 2).$$

Il est du signe de

$$\rho = 3\lambda^2 + \lambda - 2.$$

Cette expression est une fonction du second degré en λ qui a un réalisant positif (106). Elle peut donc se mettre (121) sous la forme

$$3(\lambda - \lambda')(\lambda - \lambda'').$$

En calculant λ' et λ'' (121), on trouve

$$\lambda' = -1, \qquad \lambda'' = \frac{2}{3}.$$

Ainsi,

$$\rho = 3[\lambda - (-1)]\left(\lambda - \frac{2}{3}\right).$$

2° $F(-\infty)$ et $F(+\infty)$ sont du signe de $\lambda - 1$.
$F(0)$ est égal à $-2[\lambda - (-2)]$.

3° La demi-somme $\dfrac{x' + x''}{2}$ des racines est $\dfrac{2\lambda}{\lambda - 1}$. C'est une fraction dont le signe est connu quand on connaît celui de chacun de ses termes, c'est-à-dire celui de $\lambda - 0$ et celui de $\lambda - 1$.

5

En résumé, les signes des quantités

$$\rho, \quad F(-\infty), \quad F(0), \quad F(+\infty), \quad \frac{x' + x''}{2}$$

dépendent de la grandeur de λ par rapport aux *valeurs remarquables*

$$-1, \quad \frac{2}{3}, \quad 1, \quad -2, \quad 0,$$

qui se rangent dans l'ordre suivant :

$$-2, \quad -1, \quad 0, \quad \frac{2}{3}, \quad 1.$$

Ceci posé, la discussion n'offre pas de difficulté. Elle est résumée dans le tableau suivant :

λ	ρ	$F(-\infty)$	$F(0)$	$F(+\infty)$	$\frac{x' + x''}{2}$	CONCLUSIONS
$-\infty$						
	$+$	$-$	$+$	$-$	$+$	Les racines sont de signes contraires. La plus grande en valeur absolue est positive.
-2						L'une des racines change de signe en passant par zéro.
	$+$	$-$	$-$	$-$	$+$	Les racines sont positives.
-1						Les racines sont égales et égales à 1.
0	$-$					Les racines sont imaginaires.
$\frac{2}{3}$						Les racines sont égales et égales à -4.
	$+$	$-$	$-$	$-$	$-$	Les racines sont négatives.
1						L'une des racines change de signe en passant par l'infini.
	$+$	$+$	$-$	$+$	$+$	Les racines sont de signes contraires. La plus grande en valeur absolue est positive.
$+\infty$						

135. Remarque. — Dans la théorie précédente, nous avons supposé que l'équation

$$F(x) = ax^2 + bx + c = 0$$

avait ses racines réelles et distinctes.

Admettons maintenant que les racines *puissent* être *réelles* et *égales* ou *imaginaires* et substituons dans $F(x)$ les deux nombres α et β.

136. Théorème. — *Si* $F(\alpha)$ *et* $F(\beta)$ *sont de signes contraires, les racines sont réelles et distinctes et l'une d'elles est comprise entre* α *et* β.

En effet, si les racines étaient égales et égales à x', pour toutes les valeurs de x différentes de x', $F(x)$ serait du signe de $+ a$. De plus, cette fonction serait nulle pour $x = x'$.

Si les racines étaient imaginaires, $F(x)$ serait toujours du signe de $+ a$.

Dans ces deux cas, $F(\alpha)$ et $F(\beta)$ ne pourraient pas être de signes contraires. Les racines sont donc réelles et distinctes.

La seconde partie du théorème résulte immédiatement du théorème 129.

137. Remarque. — Si $F(\alpha)$ et $F(\beta)$ sont de même signe et si *aucune autre constatation n'est faite*, nous ne pouvons plus raisonner comme au n° 131, et il nous est impossible de donner aucune conclusion.

138. *Application.* — Soit l'équation

$$(a + b + c)x^2 - 2(ab + bc + ca)x + 3abc = 0,$$

dans laquelle on suppose que les quantités a, b, c sont distinctes et différentes de zéro.

Nous avons vu (126) que les racines de cette équation sont réelles et inégales. Le théorème précédent fournit du même fait une démonstration rapide.

Désignons par $F(x)$ le premier membre de l'équation et calculons

$$F(a), \qquad F(b), \qquad F(c).$$

Nous trouvons

$$F(a) = a(a - b)(a - c),$$
$$F(b) = b(b - c)(b - a),$$
$$F(c) = c(c - a)(c - b).$$

Les lettres a, b, c entrant de la même manière dans les coefficients de l'équation, nous ne particulariserons pas en supposant

$$a < b < c.$$

Nous voyons alors que

$$F(a) \text{ est du signe de } + a,$$
$$F(b) \quad . \quad . \quad . \quad . \quad . \quad - b,$$
$$F(c) \quad . \quad . \quad . \quad , \quad . \quad + c.$$

Si a et c sont de même signe, puisqu'on a

$$a < b < c,$$

b a le même signe que a et c, et $- b$ a le signe contraire. Les nombres $F(a)$ et $F(b)$ sont de signes contraires, ainsi que les nombres $F(b)$ et $F(c)$. Il s'ensuit que les racines sont réelles, distinctes et séparées par

$$a \qquad b \qquad c.$$

Si a et c sont de signes contraires, les nombres $F(a)$ et $F(c)$ sont de signes contraires. L'une des racines est comprise entre a et c ; l'autre est à l'extérieur de l'intervalle $(a.c)$. Les deux racines sont donc encore réelles et distinctes.

Comparaison d'un nombre donné aux racines d'une équation du second degré non résolue.

139. Soit l'équation

$$F(x) = ax^2 + bx + c = 0,$$

dont nous supposons les racines réelles et distinctes. Nous nous proposons, *sans résoudre l'équation*, de trouver la relation de grandeur qui existe entre les racines et un nombre donné α.

x' et x'' désignant les racines, nous avons (121)

$$F(x) = a(x - x')(x - x'').$$

Par conséquent (123), si α est extérieur à l'intervalle $(x'.x'')$, $F(\alpha)$ est du signe de $+ a$.

Si α est compris entre x' et x'', $F(\alpha)$ est du signe de $- a$.

Donc, inversement :

1° Si $F(\alpha)$ est du signe de $+ a$, α est extérieur aux racines ;

2° Si $F(\alpha)$ est du signe de $- a$, α est compris entre les racines.

140. Remarque. — Lorsque F(α) est du signe de $+ a$, ou bien α est supérieur aux deux racines, ou bien α leur est inférieur. Il importe de fournir le moyen d'établir une distinction.

Je remarque que, dans le premier cas, la demi-somme $- \dfrac{b}{2a}$ des racines étant comprise entre elles, est plus petite que α. Dans le second cas au contraire, cette demi-somme est supérieure à α.

Il s'ensuit que, inversement :

1° Si l'on a $- \dfrac{b}{2a} < \alpha$, les deux racines sont inférieures à α;

2° Si l'on a $- \dfrac{b}{2a} > \alpha$, les deux racines sont supérieures à α.

141. Remarque. — La comparaison d'un nombre α aux racines d'une équation

$$F(x) = 0$$

exige la formation de F(α).

Il est souvent nécessaire de savoir, en outre, si α est supérieur ou inférieur à la demi-somme des racines.

142. *Application.* — Soit l'équation

$$F(x) = - x^2 + 3x + 1 = 0,$$

qui a ses racines réelles (106).

Supposons qu'il s'agisse de comparer aux racines les nombres

$$1, \qquad 4, \qquad - 2.$$

Nous avons

$$F(1) = 3, \qquad F(4) = - 3, \qquad F(- 2) = - 9.$$

Comme

$$a = - 1,$$

le premier nombre, 1, est compris entre les racines ; les deux autres, 4 et — 2, sont à l'extérieur.

D'ailleurs, la demi-somme des racines étant $\dfrac{3}{2}$, on voit que 4 est supérieur aux deux racines et que — 2 leur est inférieur.

On serait arrivé aux mêmes résultats en remarquant que 4 étant supérieur à 1, qui est compris entre les racines, ne peut être que supérieur à ces racines, et que — 2 étant inférieur à 1, ne peut que leur être inférieur.

DES INÉQUATIONS DU SECOND DEGRÉ

143. Une inéquation du second degré est de l'une des deux formes

$$ax^2 + bx + c > 0 \qquad \text{et} \qquad ax^2 + bx + c < 0,$$

avec la condition $a \neq 0$.

La seconde forme se ramène à la première quand on fait passer tous les termes du premier membre dans le second en changeant leurs signes, opération qui fournit une inéquation équivalente.

Nous pouvons donc ne nous occuper que de l'inéquation

$$ax^2 + bx + c > 0, \qquad (a \neq 0).$$

RÉSOLUTION DE L'INÉQUATION
$$ax^2 + bx + c > 0, \qquad (a \neq 0).$$

144. Désignons par $F(x)$ le premier membre de cette inéquation et considérons le réalisant $b^2 - 4ac$ de la fonction $F(x)$.

Trois cas se présentent, selon que l'on a

$$b^2 - 4ac \begin{cases} > 0 \\ = 0 \\ < 0. \end{cases}$$

1° $\qquad\qquad b^2 - 4ac > 0.$

Nous savons (121) que la fonction $F(x)$ peut se mettre sous la forme

$$F(x) = a(x - x')(x - x''),$$

x' et x'' désignant les racines réelles de l'équation

$$F(x) = 0.$$

Nous avons donc à résoudre l'inéquation

$$F(x) = a(x - x')(x - x'') > 0,$$

c'est-à-dire à chercher les valeurs de x qui rendent $F(x)$ positive.

D'ailleurs, nous avons vu (123) que $F(x)$ est du signe de $+ a$ quand on donne à x une valeur extérieure à l'intervalle $(x'.x'')$, et que cette fonction est du signe de $- a$ quand on donne à x une valeur comprise entre x' et x''.

Par conséquent :

Si l'on a $a > 0$, les solutions de l'inéquation sont tous les nombres extérieurs à l'intervalle $(x'.x'')$. En supposant $x' < x''$, ce sont tous les nombres définis par

$$- \infty \leqslant x < x' \qquad \text{et} \qquad x'' < x \leqslant + \infty.$$

Si l'on a $a < 0$, les solutions de l'inéquation sont tous les nombres compris entre x' et x''. Ce sont tous les nombres définis par

$$x' < x < x''.$$

2° $$b^2 - 4ac = 0.$$

Dans ce cas (121), $F(x)$ se met sous la forme

$$F(x) = a(x - x')^2,$$

x' étant la racine double $- \dfrac{b}{2a}$ de l'équation

$$F(x) = 0.$$

Il faut résoudre l'inéquation

$$F(x) = a(x - x')^2 > 0.$$

Si l'on a $a > 0$, les solutions (123) sont tous les nombres depuis $- \infty$ jusqu'à $+ \infty$, excepté le nombre x'.

Si l'on a $a < 0$, l'inéquation n'a pas de solution.

3° $$b^2 - 4ac < 0.$$

$F(x)$ se met (121) sous la forme

$$F(x) = a(M^2 + N^2),$$

et l'inéquation à résoudre est

$$F(x) = a(M^2 + N^2) > 0.$$

En se reportant à ce qui a été dit (123), on voit que si l'on a $a > 0$, les solutions de l'inéquation sont tous les nombres depuis $- \infty$ jusqu'à $+ \infty$, sans exception, et que si l'on a $a < 0$, l'inéquation n'a pas de solution.

145. REMARQUE. — Le signe du réalisant et le signe du coefficient de x^2 *jouent un rôle capital* dans la résolution de l'inéquation du second degré.

Résolution de la relation conditionnelle

$$ax^2 + bx + c \geqslant 0, \qquad (a \neq 0).$$

146. Les solutions d'une relation conditionnelle étant les solutions de l'inéquation et les racines de l'équation correspondantes, on a les résultats suivants :

1° $$b^2 - 4ac > 0.$$

$a > 0$. Les solutions sont les nombres définis par

$$-\infty \leqslant x \leqslant x' \qquad \text{et} \qquad x'' \leqslant x \leqslant +\infty.$$

$a < 0$. Ce sont les nombres définis par

$$x' \leqslant x \leqslant x''.$$

2° $$b^2 - 4ac = 0.$$

$a > 0$. Les solutions de la relation sont tous les nombres depuis $-\infty$ jusqu'à $+\infty$, sans exception.

$a < 0$. La relation a une seule solution, qui est

$$x = x'.$$

3° $$b^2 - 4ac < 0.$$

$a > 0$. Les solutions de la relation sont tous les nombres depuis $-\infty$ jusqu'à $+\infty$.

$a < 0$. La relation n'a pas de solution.

147. APPLICATIONS :

1° Soit l'inéquation

$$x^2 - x - 2 > 0.$$

Le réalisant est positif et les racines de l'équation

$$x^2 - x - 2 = 0$$

sont

$$x' = -1 \qquad \text{et} \qquad x'' = 2.$$

Le coefficient de x^2 est positif.

Les solutions sont définies par

$$-\infty \leqslant x < -1 \quad \text{et} \quad 2 < x \leqslant +\infty.$$

Remarque. — La relation conditionnelle

$$x^2 - x - 2 \geqslant 0$$

admet, en outre, les solutions -1 et 2.

2° Soit l'inéquation

$$-x^2 + x + 2 > 0.$$

Le réalisant est positif et l'équation

$$-x^2 + x + 2 = 0$$

a pour racines

$$x' = -1 \quad \text{et} \quad x'' = 2.$$

Le coefficient de x^2 est négatif.

Les solutions sont définies par

$$-1 < x < 2.$$

Remarque. — La relation

$$-x^2 + x + 2 \geqslant 0$$

admet, en outre, les solutions -1 et 2.

3° Soit l'inéquation

$$4x^2 - 4x + 1 > 0.$$

Le réalisant est nul et l'équation

$$4x^2 - 4x + 1 = 0$$

admet la racine double $x' = \dfrac{1}{2}$.

Le coefficient de x^2 étant positif, tous les nombres, excepté $\dfrac{1}{2}$,

sont des solutions de l'inéquation.

Remarque. — La relation

$$4x^2 - 4x + 1 \geqslant 0$$

a pour solutions tous les nombres depuis $-\infty$ jusqu'à $+\infty$.

4° Soit l'inéquation

$$- 4x^2 + 4x - 1 > 0.$$

Le réalisant est nul et l'équation

$$- 4x^2 + 4x - 1 = 0$$

admet la racine double $x' = \dfrac{1}{2}$.

Le coefficient de x^2 étant négatif, l'inéquation n'a pas de solution.

Remarque. — La relation

$$- 4x^2 + 4x - 1 \geqslant 0$$

admet la solution $x = \dfrac{1}{2}$.

5° Soit l'inéquation

$$x^2 - x + 1 > 0.$$

Le réalisant est négatif. Le coefficient de x^2 est positif. Tous les nombres depuis $- \infty$ jusqu'à $+ \infty$ sont des solutions de l'inéquation.

6° Soit l'inéquation

$$- x^2 + x - 1 > 0.$$

Le réalisant est négatif, ainsi que le coefficient de x^2. L'inéquation n'a pas de solution.

Remarque. — Les résultats ne sont pas modifiés quand on considère les relations conditionnelles qui correspondent aux deux derniers cas, puisque l'équation que renferment ces relations n'a pas de solution.

7° Soit l'inéquation

$$x^2 - a^2 > 0.$$

On pourrait appliquer la méthode générale; mais si l'on remarque que

$$x^2 - a^2 = (x + a)(x - a),$$

l'inéquation s'écrit

$$(x + a)(x - a) > 0,$$

et l'on voit que ses solutions sont tous les nombres extérieurs à l'intervalle

$$- a \qquad\qquad + a.$$

Remarque. — La relation conditionnelle

$$x^2 - a^2 \geqslant 0$$

a, en outre, les deux solutions $- a$ et $+ a$.

Remarque. — Si l'on a une inéquation de la forme

$$ax^2 + bx + c < 0,$$

on lui substitue, ainsi que nous l'avons dit, l'inéquation équivalente

$$-ax^2 - bx - c > 0.$$

Exemple : Soit

$$x^2 - x - 2 < 0.$$

On résout

$$-x^2 + x + 2 > 0,$$

qui (voir plus haut) a pour solutions les nombres définis par

$$-1 < x < 2.$$

Remarque. — L'inéquation

$$x^2 - a^2 < 0$$

équivaut à

$$-(x^2 - a^2) > 0$$

ou à

$$-(x + a)(x - a) > 0.$$

Les solutions sont tous les nombres compris dans l'intervalle

$$-a \qquad +a.$$

Remarquons que la relation

$$x^2 - a^2 \leqslant 0$$

a, en outre, les solutions $-a$ et $+a$.

148. Application. — *Résoudre l'inéquation*

$$(\lambda - 2)x^2 - 2\lambda x - 1 > 0,$$

dans laquelle on suppose que λ peut recevoir une valeur quelconque depuis $-\infty$ jusqu'à $+\infty$.

Le réalisant du premier membre de cette inéquation est

$$\rho = \lambda^2 + \lambda - 2$$

ou bien

$$\rho = (\lambda - 1)(\lambda + 2).$$

Le coefficient a de x^2 est $\lambda - 2$.

Les signes de ρ et de a dépendent donc de la grandeur de λ par rapport aux *valeurs remarquables*

$$-2, \quad 1, \quad 2.$$

Si nous désignons par x' et x'' $(x' < x'')$ les racines de l'équation

$$(\lambda - 2)x^2 - 2\lambda x - 1 = 0,$$

que nous supposons calculées à l'aide des formules de résolution, nous avons les résultats suivants :

λ	ρ	$\lambda - 2$	RÉSULTATS
$-\infty$			
	$+$	$-$	L'inéquation à résoudre est $(\lambda - 2)(x - x')(x - x'') > 0$. Comme $\lambda - 2 < 0$, les solutions sont fournies par $x' < x < x''$.
-2		....	$\rho = 0$ $\left\{\begin{array}{l} \text{L'inéquation à résoudre est } -4\left(x - \dfrac{1}{2}\right)^2 > 0. \\ \text{Elle n'a pas de solution.} \end{array}\right.$
	$-$		L'inéquation à résoudre est $(\lambda - 2)(M^2 + N^2) > 0$. Comme $\lambda - 2 < 0$, il n'y a pas de solution.
1		....	$\rho = 0$ $\left\{\begin{array}{l} \text{L'inéquation à résoudre est } -(x + 1)^2 > 0. \\ \text{Elle n'a pas de solution.} \end{array}\right.$
	$+$	$-$	Les résultats sont les mêmes que dans le premier intervalle.
2	....	$\lambda - 2 = 0$	$\left\{\begin{array}{l} \text{L'inéquation à résoudre est} \\ \quad -4x - 1 > 0 \quad \text{ou bien} \quad x < -\dfrac{1}{4}. \\ \text{Les solutions sont tous les nombres inférieurs à } -\dfrac{1}{4}. \end{array}\right.$
	$\div$	$+$	L'inéquation à résoudre est $(\lambda - 2)(x - x')(x - x'') > 0$. Comme $\lambda - 2 > 0$, les solutions sont fournies par $-\infty \leqslant x < x'$ et $x'' < x \leqslant +\infty$.
$+\infty$			

Remarque. — Quand λ croît depuis $+1$ jusqu'à $+2$, la plus petite racine décroît jusqu'à $-\infty$; l'autre tend vers la limite $-\dfrac{1}{4}$. On comprend alors que pour $x = 2$, on ait, comme solutions, tous les nombres inférieurs à $-\frac{1}{4}$.

Si λ dépasse la valeur 2, la première racine saute de $-\infty$ à $+\infty$ et devient la plus grande. Par suite, la seconde racine devient la plus petite, et les nombres compris entre les racines lorsqu'on a $\lambda < 2$, deviennent les nombres extérieurs aux racines lorsqu'on a $\lambda > 2$.

Remarque. — Pour avoir les solutions de la relation conditionnelle

$$(\lambda - 2)x^2 - 2\lambda x - 1 \geqslant 0,$$

il faudrait joindre aux solutions précédentes : les nombres x' et x'', si λ est extérieur à l'intervalle $(-2 \cdot 1)$; le nombre $\frac{1}{2}$, si $\lambda = -2$; enfin le nombre -1, si $\lambda = 1$.

149. Application. — *Résoudre la relation conditionnelle*

$$(\alpha - 1)x^2 - 2\beta x - (\alpha + 2) \geqslant 0,$$

dans laquelle α et β peuvent recevoir des valeurs quelconques depuis $-\infty$ jusqu'à $+\infty$.

Nous savons (145) qu'il nous est nécessaire de connaître le signe du réalisant de la fonction de x qui compose le premier membre de la relation, ainsi que celui du coefficient de x^2.

1° Le réalisant est

$$\rho = \alpha^2 + \alpha + \beta^2 - 2.$$

C'est une fonction du second degré en α.
Cette fonction a pour réalisant

$$\rho_1 = 9 - 4\beta^2 = -4\left(\beta + \frac{3}{2}\right)\left(\beta - \frac{3}{2}\right).$$

Lorsque β est extérieur à l'intervalle

$$-\frac{3}{2} \qquad +\frac{3}{2},$$

ρ_1 est négatif. Quel que soit α, ρ est du signe de son premier terme, c'est-à-dire positif (123).

Lorsque β est compris entre les nombres $-\frac{3}{2}$ et $+\frac{3}{2}$, ρ_1 est positif, et l'on a

$$\rho = (\alpha - \alpha')(\alpha - \alpha''),$$

en désignant par α' et α'' les racines de l'équation

$$\alpha^2 + \alpha + \beta^2 - 2 = 0,$$

que l'on suppose calculées. Dans ce cas, le signe de ρ dépend de la grandeur de α par rapport aux valeurs remarquables α' et α''.

2° Le coefficient de x^2 est $\alpha - 1$. Son signe dépend de la grandeur de α par rapport à 1.

3° Afin de pouvoir déterminer les signes de ρ et de $\alpha - 1$, il est indispensable de connaître la relation de grandeur des trois valeurs remarquables

$$\alpha', \qquad \alpha'', \qquad 1,$$

c'est-à-dire de classer ces valeurs.

Ce classement résultera de la comparaison de 1 aux racines de l'équation

$$\varphi(\alpha) = \alpha^2 + \alpha + \beta^2 - 2 = 0.$$

Formons donc $\varphi(1)$ (voir n° 139). Nous trouvons

$$\varphi(1) = \beta^2.$$

$\varphi(1)$ est positif, ainsi que le coefficient de α^2. Le nombre 1 est extérieur aux racines. D'ailleurs, la demi-somme des racines est $-\frac{1}{2}$. Il s'ensuit que 1 est supérieur aux deux nombres α' et α''. Si je suppose $\alpha' < \alpha''$, j'ai

$$\alpha' < \alpha'' < 1.$$

Conclusions. — Désignons par x' et x'' $\quad(x' < x'')$ les racines de l'équation

$$(\alpha - 1)x^2 - 2\beta x - (\alpha + 2) = 0,$$

quand elles sont réelles et distinctes.

Différents cas se présentent :

I. β est extérieur à l'intervalle $\left(-\dfrac{3}{2}, +\dfrac{3}{2}\right)$.

α	ρ	$\alpha-1$	CONCLUSIONS		
$-\infty$					
	$+$	$-$	Les solutions sont données par $x' \leqslant x \leqslant x''$.		
1	....	▬	$\alpha-1=0$ $\left\{\begin{array}{l}\text{Il faut}\\\text{résoudre}\end{array}\right\}-2\beta x-3\geqslant 0$, d'où	$\begin{cases}\text{si }\beta<0,\ \ x\geqslant -\dfrac{3}{2\beta}.\\[2mm]\text{si }\beta>0,\ \ x\leqslant -\dfrac{3}{2\beta}.\end{cases}$	
	$+$	$+$	Les solutions sont données par $$-\infty \leqslant x \leqslant x' \quad \text{et} \quad x'' \leqslant x \leqslant +\infty.$$		
$+\infty$					

II.
$$\beta^2 = \frac{9}{4}.$$

On a
$$\rho = \left(\alpha + \frac{1}{2}\right)^2.$$

α	ρ	$\alpha-1$	CONCLUSIONS		
$-\infty$					
	$+$	$-$	Les solutions sont données par $x' \leqslant x \leqslant x''$.		
$-\dfrac{1}{2}$	....	....	$\rho=0$ $\left\{\begin{array}{l}x'=x''.\text{ Il n'y a qu'une}\\\text{solution :}\end{array}\right.$ $x=-\dfrac{\beta}{\alpha-1}$	$\begin{cases}\text{si }\beta=-\dfrac{3}{2},\ x=1.\\[2mm]\text{si }\beta=\dfrac{3}{2},\ x=-1.\end{cases}$	
	$+$	$-$	Les solutions sont données par $x' \leqslant x \leqslant x''$.		
1	....	▬	$\alpha-1=0$ $\left\{\begin{array}{l}\text{Il faut}\\\text{résoudre}\end{array}\right\}-2\beta x-3\geqslant 0$, d'où	$\begin{cases}\text{si }\beta=-\dfrac{3}{2},\ x\geqslant 1.\\[2mm]\text{si }\beta=\dfrac{3}{2},\ x\leqslant -1.\end{cases}$	
	$+$	$+$	Les solutions sont données par $$-\infty \leqslant x \leqslant x' \quad \text{et} \quad x'' \leqslant x \leqslant +\infty.$$		
$+\infty$					

III.
$$-\frac{3}{2} < \beta < \frac{3}{2}.$$

On a

$$\rho = (\alpha - \alpha')(\alpha - \alpha'').$$

α	ρ	$\alpha - 1$	CONCLUSIONS
$-\infty$			
	$+$	$-$	Les solutions sont fournies par $\alpha' \leqslant x \leqslant x''$.
α'	▬	...	$\rho = 0 \left\{ \begin{array}{l} x' = x''. \text{ Il n'y a qu'une solution : } x = \dfrac{\beta}{\alpha'' = 1}. \end{array} \right.$
	$-$	--	Il n'y a pas de solution.
α''	▬	....	$\rho = 0 \left\{ \begin{array}{l} x' = x''. \text{ Il n'y a qu'une solution : } x = \dfrac{\beta}{\alpha' - 1}. \end{array} \right.$
	$+$	$-$	Les solutions sont fournies par $\alpha' \leqslant x \leqslant x''$.
1	....	▬	$\alpha - 1 = 0 \left\{ \begin{array}{l} \text{Il faut} \\ \text{résoudre} \end{array} \right\} -2\beta x - 3 \geqslant 0, \text{ d'où} \left\{ \begin{array}{l} \text{si } \beta < 0, \ x \geqslant -\dfrac{3}{2\beta}. \\ \hline \text{si } \beta = 0. \text{ pas de solution.} \\ \hline \text{si } \beta > 0, \ x \leqslant -\dfrac{3}{2\beta}. \end{array} \right.$
	$+$	$+$	Les solutions sont données par $-\infty \leqslant x \leqslant x'$ et $x'' \leqslant x \leqslant +\infty$.
$+\infty$			

150. **Application.** — *Trouver les valeurs de λ qui rendent réelles les racines de l'équation*

(1) $(a - a'\lambda)x^2 + (b - b'\lambda)x + (c - c'\lambda) = 0,$

obtenue en chassant les dénominateurs dans l'équation

$$\frac{ax^2 + bx + c}{a'x^2 + b'x + c'} = \lambda$$

et faisant passer tous les termes du second membre dans le premier.

Le réalisant de l'équation (1) étant
$$(b - b'\lambda)^2 - 4(a - a'\lambda)(c - c'\lambda)$$

ou bien

$$\lambda^2(b'^2 - 4a'c') - 2\lambda[(bb' - 2(ac' + ca')] + b^2 - 4ac,$$

la question revient évidemment à la résolution, par rapport à λ, de la relation conditionnelle

(2) $\varphi(\lambda) = \lambda^2(b'^2 - 4a'c') - 2\lambda[(bb' - 2(ac' + ca')] + b^2 - 4ac \geqslant 0.$

Deux cas se présentent, selon que $b'^2 - 4a'c'$ est différent de zéro ou égal à zéro.

I. $b'^2 - 4a'c' \neq 0.$

La fonction $\varphi(\lambda)$ est du second degré en λ.

Calculons son réalisant R.

$$R = [(bb' - 2(ac' + ca')]^2 - (b'^2 - 4a'c')(b^2 - 4ac).$$

R peut être positif, nul ou négatif.

1° Soit $R > 0$. L'équation

$$\varphi(\lambda) = 0$$

a ses racines λ' et λ'' ($\lambda' < \lambda''$) réelles, et la relation (2) s'écrit

$$(b'^2 - 4a'c')(\lambda - \lambda')(\lambda - \lambda'') \geqslant 0.$$

Si l'on a $b'^2 - 4a'c' > 0,$ les valeurs cherchées sont données par

$$- \infty \leqslant \lambda \leqslant \lambda' \quad \text{et} \quad \lambda'' \leqslant \lambda \leqslant + \infty.$$

Si l'on a $b'^2 - 4a'c' < 0,$ les valeurs cherchées sont données par

$$\lambda' \leqslant \lambda \leqslant \lambda''.$$

2° Soit $R = 0$. L'équation

$$\varphi(\lambda) = 0$$

a ses racines égales, et la relation (2) s'écrit

$$(b'^2 - 4a'c')(\lambda - \lambda')^2 \geqslant 0.$$

Si l'on a $b'^2 - 4a'c' > 0$, tous les nombres depuis $- \infty$ jusqu'à $+ \infty$ satisfont à la question.

Si l'on a $b'^2 - 4a'c' < 0$, le problème n'admet qu'une solution, qui est

$$\lambda = \lambda'.$$

3° Soit $R < 0$. L'équation

$$\varphi(\lambda) = 0$$

a ses racines imaginaires, et la relation (2) prend la forme

$$(b'^2 - 4a'c')(M^2 + N^2) \geqslant 0.$$

Nous démontrerons plus loin que, dans nos hypothèses, $b'^2 - 4a'c'$ ne peut pas être négatif. Cette quantité étant supposée différente de zéro, on a

$$b'^2 - 4a'c' > 0,$$

et λ peut recevoir toutes les valeurs depuis $-\infty$ jusqu'à $+\infty$.

II.
$$b'^2 - 4a'c' = 0.$$

La relation (2) devient

$$(3) \qquad -2\lambda[bb' - 2(ac' + ca')] + b^2 - 4ac \geqslant 0,$$

le coefficient de λ pouvant être positif, négatif ou nul.

1°
$$-2[bb' - 2(ac' + ca')] > 0.$$

La relation (3) équivaut à la suivante :

$$\lambda \geqslant \frac{b^2 - 4ac}{2[bb' - 2(ac' + ca')]}.$$

En désignant par λ' le second membre de cette relation, les solution cherchées sont données par

$$\lambda' \leqslant \lambda \leqslant +\infty.$$

2°
$$-2[bb' - 2(ac' + ca')] < 0.$$

La relation (3) équivaut à

$$\lambda \leqslant \frac{b^2 - 4ac}{2[bb' - 2(ac' + ca')]} = \lambda'.$$

Les valeurs cherchées sont données par

$$-\infty \leqslant \lambda \leqslant \lambda'.$$

3°
$$-2[bb' - 2(ac' + ca')] = 0.$$

La relation (3) devient
$$b^2 - 4ac \geqslant 0.$$

Elle est indépendante de λ.

Nous établirons tout à l'heure que, dans nos hypothèses, $b^2 - 4ac$ ne peut pas être négatif. La relation (3) est donc toujours satisfaite, quel que soit λ. Les solutions de la question sont tous les nombres depuis $-\infty$ jusqu'à $+\infty$.

Remarque. — En développant l'expression R, on trouve

$$R = 4[b^2a'c' - bb'(ac' + ca') + (ac' - ca')^2 + acb'^2].$$

C'est une fonction du second degré en b dont le réalisant est

$$b'^2(ac' + ca')^2 - 4a'c'(ac' - ca')^2 - 4aca'c'b'^2$$

ou bien

$$(b'^2 - 4a'c')(ac' - ca')^2.$$

Supposons

$$b'^2 - 4a'c' < 0,$$

ce qui entraîne

$$4a'c' > 0.$$

Le réalisant de la fonction R *n'est pas positif*. Cette fonction est toujours du signe de son premier terme, à moins qu'elle ne soit nulle. Comme le coefficient du premier terme est $4a'c'$, quantité positive, on voit que R est toujours supérieur ou égal à zéro.

Il résulte de là, ainsi que nous l'avons dit plus haut, que l'on ne peut pas avoir simultanément

$$\text{R} < 0 \qquad \text{et} \qquad b'^2 - 4a'c' < 0.$$

Remarque. — Il nous reste à montrer que si

$$b'^2 - 4a'c' = 0$$

et

$$bb' - 2(ac' + ca') = 0,$$

on a

$$b^2 - 4ac \geqslant 0.$$

En effet, de l'hypothèse je tire

$$b^2b'^2 = 4(ac' + ca')^2$$
$$4a'c'b^2 = 4(ac' + ca')^2$$
$$(b^2 - 4ac)a'c' = (ac' - ca')^2.$$

Or, $a'c'$ est positif, puisque

$$4a'c' = b'^2.$$

De plus, $(ac' - ca')^2$ est positif ou nul.
On a donc

$$b^2 - 4ac \geqslant 0.$$

RÉSOLUTION D'UN SYSTÈME DE DEUX INÉQUATIONS
SIMULTANÉES, L'UNE DU PREMIER DEGRÉ, L'AUTRE DU SECOND

151. Soient

(1) $$f(x) > 0,$$
(2) $$F(x) > 0$$

les inéquations respectivement équivalentes aux inéquations du système donné. Je suppose que la première soit du premier degré et la seconde du second degré.

Les solutions du système sont les solutions communes aux deux inéquations (1) et (2).

Formons le réalisant de la fonction $F(x)$; désignons ce réalisant par ρ et appelons a le coefficient de x^2 dans la fonction $F(x)$.

Trois cas se présentent :

1º $$\rho < 0.$$

Si l'on a
$$a > 0,$$

l'inéquation (2) a pour solutions (144) tous les nombres depuis $-\infty$ jusqu'à $+\infty$, et les solutions du système sont celles de l'inéquation (1).

Si l'on a
$$a < 0,$$

l'inéquation (2) n'a pas de solution (144). Le système n'a aucune solution.

2º $$\rho = 0.$$

Désignons par x' la racine double de l'équation.
$$F(x) = 0.$$

Si l'on a
$$a > 0,$$

l'inéquation (2) a pour solutions (144) tous les nombres excepté x'. Le système a pour solutions toutes les solutions de l'inéquation (1), à l'exception de x' lorsque cette quantité figure parmi les solutions de (1).

Si l'on a
$$a < 0,$$

l'inéquation (2) n'ayant pas de solution, il en est de même du système proposé.

3° $$\rho > 0.$$

Soient x' et x'' les racines de l'équation

$$F(x) = 0,$$

et α celle de l'équation

$$f(x) = 0.$$

Nous savons (84) que les solutions de l'inéquation (1) sont, ou bien tous les nombres supérieurs à α, ou bien tous les nombres inférieurs à cette même quantité.

Nous savons aussi (144) que les solutions de l'inéquation (2) sont les nombres extérieurs à l'intervalle $(x'.\ x'')$, si a est positif, et les nombres compris dans cet intervalle, si a est négatif.

Il nous faut choisir les solutions communes.

Pour cela, nous comparerons (139) le nombre α aux racines x' et x'' de l'équation

$$F(x) = 0,$$

et nous rangerons ces trois quantités par ordre de grandeur croissante. La question n'offrira plus de difficulté, ainsi que nous allons le constater en fixant les idées.

Je suppose, par exemple, que les solutions de l'inéquation (1) soient tous les nombres supérieurs à α et que celles de l'inéquation (2) soient tous les nombres compris entre x' et x''.

Si les valeurs remarquables x', x'', α sont rangées de la façon suivante :

$$\alpha < x' < x'',$$

les solutions du système sont tous les nombres compris entre x' et x''.

Si l'on a

$$x' < \alpha < x'',$$

ce sont tous les nombres compris entre α et x''.

Enfin, si l'on a

$$x' < x'' < \alpha,$$

le système n'a pas de solution.

Ce serait analogue dans les autres hypothèses.

152. REMARQUE. — Lorsque $\rho = 0$ il faut comparer α et x'. En

général, cette comparaison est facile, car x' peut être calculé complètement sans qu'il soit nécessaire d'en indiquer symboliquement la valeur par un radical.

Lorsque $\rho > 0$, il faut comparer

$$\alpha, \quad x', \quad x''.$$

Pour cette comparaison, on appliquera la méthode donnée précédemment (139).

153. Applications :

I. Soit le système

(1) $\qquad x^2 + x + 1 > 0,$

(2) $\qquad x > 1.$

Les solutions de l'inéquation (1) sont tous les nombres depuis $-\infty$ jusqu'à $+\infty$. Celles de l'inéquation (2) sont tous les nombres supérieurs à 1. Par conséquent, les solutions du système sont tous les nombres supérieurs à 1.

II. Soit le système

(1) $\qquad x^2 - 3x + 2 > 0,$

(2) $\qquad x + 1 > 0.$

L'inéquation (1) admet pour solutions tous les nombres donnés par

$$-\infty \leqslant x < 1 \quad \text{et} \quad 2 < x \leqslant +\infty.$$

L'inéquation (2) admet pour solutions tous les nombres supérieurs à -1.

Comme on a

$$-1 < 1 < 2,$$

les solutions du système sont tous les nombres compris entre -1 et 1 et tous les nombres supérieurs à 2.

III. Soit le système

(1) $\qquad (2 - \lambda)x^2 + 2\lambda x + 1 > 0,$

(2) $\qquad x < 1,$

dans lequel λ peut recevoir une valeur quelconque comprise entre $-\infty$ et $+\infty$.

Le réalisant de la fonction

$$F(x) = (2 - \lambda)\, x^2 + 2\lambda x + 1$$

est

$$\rho = \lambda^2 + \lambda - 2 = (\lambda + 2)(\lambda - 1).$$

Ce réalisant peut être positif, nul, ou négatif, selon la grandeur de λ par rapport aux valeurs remarquables

$$- 2 \quad \text{et} \quad 1.$$

Quand il est positif, nous venons de voir (152) que la résolution du système nécessite la comparaison de la valeur remarquable 1, fournie par l'inéquation (2), aux racines x' et x'' ($x' < x''$) de l'équation

$$F(x) = 0.$$

Faisons cette comparaison.

Nous savons (139) qu'elle résulte du signe de $F(1)$, du signe du coefficient de x^2 et de la grandeur de 1 par rapport à la demi-somme des racines.

1° Nous avons

$$F(1) = \lambda + 3,$$

quantité dont le signe dépend de la grandeur de λ par rapport à la valeur remarquable $- 3$.

2° La demi-somme des racines est

$$\frac{\lambda}{\lambda - 2},$$

et l'on a

$$\frac{\lambda}{\lambda - 2} \gtrless 1,$$

quand on a

$$\frac{\lambda}{\lambda - 2} - 1 \gtrless 0$$

ou bien

$$\frac{\lambda - \lambda + 2}{\lambda - 2} \gtrless 0$$

ou bien

$$\lambda - 2 \gtrless 0,$$

avec correspondance des signes $>$ ou $<$.

D'où une nouvelle valeur remarquable de λ, qui est 2.

3° Remarquons que 2 est également la valeur remarquable que donne la considération du signe du coefficient de x^2.

Ces *constatations* étant faites, donnons successivement à λ toutes les valeurs depuis $-\infty$ jusqu'à $+\infty$.

Nous avons le tableau suivant, dans la dernière colonne duquel sont inscrits les résultats.

λ	ρ	F(1)	$2-\lambda$	FORME DE L'INÉQUATION (1)	SOLUTIONS DES INÉQUATIONS (1)	(2)	CLASSEMENT DE x', x'', 1	SOLUTIONS DU SYSTÈME
$\overset{-\infty}{}$	$-$	$-$	$+$	$(2-\lambda)(x-x')(x-x'') > 0$	$-\infty \leqslant x < x'$ $x'' < x \leqslant \infty$	$x < 1$	F(1) et $(2-\lambda)$ sont de signes contraires. $x' < 1 < x''$	$-\infty \leqslant x < x'$
-3	$+$	$-$	$\cdots$	$\cdots\cdots$	$\cdots\cdots$	$\cdots$	$\left\{\begin{array}{l} F(1) = 0 \\ x' = \tfrac{1}{5} \quad x'' = 1 \end{array}\right.$	$-\infty \leqslant x \leqslant \tfrac{1}{5}$
-2	$+$	$+$	$+$	$(2-\lambda)(x-x')(x-x'') > 0$	$-\infty \leqslant x < x'$ $x'' < x \leqslant \infty$	$x < 1$	F(1) et $(2-\lambda)$ sont de même signe. La demi-somme des racines est inférieure à 1. $x' < x'' < 1$	$x'' < x < 1$
	$+$		$+$	$A\left(x - \tfrac{1}{2}\right)^{2} > 0$	$-\infty \leqslant x \leqslant +\infty$ Excepté $\tfrac{1}{2}$	$x < 1$		$-\infty \leqslant x < 1$
	$-$		$+$	$(2-\lambda)(M^{2} + N^{2}) > 0$	$-\infty \leqslant x \leqslant \infty$	$x < 1$		$-\infty \leqslant x < 1$ Excepté 1

$$-\infty \leqq x \leqq + \infty \qquad x < 1 \qquad -\infty \leqq x < 1$$

Excepté −1   Excepté −1

$4\left(x - \dfrac{1}{2}\right)^2 > 0$	$-\infty \leqq x \leqq +\infty$ $x < 1$		$-\infty \leqq x < 1$
$(2-\lambda)(M^2 + N^2) > 0$			
$(x + 1)^2 > 0$	$-\infty \leqq x \leqq +\infty$ $x < 1$ Excepté −1		$-\infty \leqq x < 1$ Excepté −1
$(2 - \lambda)(x - x')(x - x'') > 0$	$-\infty \leqq x < x'$ $x < 1$ $x'' < x \leqq +\infty$ $x < 1$	F(1) et (2 − λ) sont de même signe. La demi-somme des racines est inférieure à 1. $x' < x'' < 1$	$-\infty \leqq x < x'$ $x'' < x < 1$
$4x + 1 > 0$	$-\dfrac{1}{4} < x \leqq +\infty$ $x < 1$		$-\dfrac{1}{4} < x < 1$
$(2 - \lambda)(x - x')(x - x'') > 0$	$x' < x < x''$ $x < 1$	F(1) et (2 − λ) sont de signes contraires. $x' < 1 < x''$	$x' < x < 1$

	−	−	−
	+	+	+
1	$\dotplus$	+	+
2	−	$\dots$	$\dots$
+8		+	+

154. REMARQUE. — Si le système se composait de relations conditionnelles, ce serait analogue.

Résolution d'une inéquation de la forme
$$F(x).f(x) > 0,$$
dans laquelle $F(x)$ est une fonction du second degré et $f(x)$ une fonction du premier degré.

155. Nous avons vu (59) que les solutions de cette inéquation sont les nombres qui satisfont séparément aux deux systèmes

$$\left. \begin{matrix} F(x) > 0 \\ f(x) > 0 \end{matrix} \right\} \qquad \text{et} \qquad \left\{ \begin{matrix} F(x) < 0 \\ f(x) < 0. \end{matrix} \right.$$

La question est donc ramenée à la précédente.

156. Remarque. — On peut abréger les opérations par un examen direct du signe de la fonction

$$F(x).f(x),$$

après avoir constaté sous quelle forme remarquable se met la fonction $F(x)$ et rangé par ordre de grandeur les racines des équations

$$f(x) = 0 \qquad \text{et} \qquad F(x) = 0,$$

quand cette dernière a ses racines réelles.

Des exemples feront bien comprendre la méthode.

1° Soit l'inéquation

$$(x^2 - 3x + 2)(x + 1) = 0.$$

L'équation

$$x^2 - 3x + 2 = 0$$

a pour racines 1 et 2, et la fonction

$$x^2 - 3x + 2$$

se met sous la forme

$$(x - 1)(x - 2).$$

L'inéquation à résoudre est donc

$$\varphi(x) = (x + 1)(x - 1)(x - 2) > 0.$$

Le signe de $\varphi(x)$ se déduisant immédiatement de celui de ses facteurs, les résultats sont :

x	$x+1$	$x-1$	$x-2$	$\varphi(x)$	RÉSULTATS
$-\infty$					
	$-$	$-$	$-$	$-$	Aucune valeur de cet intervalle n'est solution.
-1					
	$+$	$-$	$-$	$+$	Toutes les valeurs de cet intervalle sont des solutions.
1					
	$+$	$+$	$-$	$-$	Aucune valeur de cet intervalle n'est solution.
2					
	$+$	$+$	$+$	$+$	Toutes les valeurs de cet intervalle sont des solutions.
$+\infty$					

$2°$ Soit l'inéquation

$$[(2 - \lambda)x^2 + 2\lambda x + 1](x - 1) > 0.$$

dans laquelle λ est quelconque.

La fonction

$$(2 - \lambda)x^2 + 2\lambda x + 1$$

a été étudiée dans un exercice précédent (153, n° 3) et nous avons comparé le nombre 1 aux racines de l'équation

$$(2 - \lambda)x^2 + 2\lambda x + 1 = 0,$$

quand ces racines sont réelles.

Utilisant les résultats trouvés, on obtient :

λ	CLASSEMENT DE x', x'', 1	INÉQUATION A RÉSOUDRE	$2 - \lambda$	SOLUTIONS
$-\infty$	$x' < 1 < x''$	$(2 - \lambda)(x - x')(x - 1)(x - x'') > 0$	$+$	$x' < x < 1$; $x'' < x < +\infty$
-3	$x' = \frac{1}{5}$, $x'' = 1$	$5\left(x - \frac{1}{5}\right)(x - 1)^2 > 0$	5	$\frac{1}{5} < x \leqq +\infty$; Excepté 1
	$x' < x'' < 1$	$(2 - \lambda)(x - x')(x - x'')(x - 1) > 0$	$+$	$x' < x < x''$; $1 < x \leqq +\infty$
-2	$x' = x'' = \frac{1}{2} < 1$	$4\left(x - \frac{1}{2}\right)^2 (x - 1) > 0$	4	$1 < x \leqq +\infty$
	x' et x'' sont imaginaires	$(2 - \lambda)(\mathrm{M}^2 + \mathrm{N}^2)(x - 1) > 0$	$+$	$1 < x \leqq +\infty$
1	$x' = x'' = -1 < 1$	$(x + 1)^2(x - 1) > 0$	1	$1 < x \leqq +\infty$
	$x' < x'' < 1$	$(2 - \lambda)(x - x')(x - x'')(x - 1) > 0$	$+$	$x' < x < x''$; $1 < x \leqq +\infty$
2	$x' = -\infty$, $x'' = -\frac{1}{4}$	$\left(x + \frac{1}{4}\right)(x - 1) > 0$	0	$-\infty < x < -\frac{1}{4}$; $1 < x \leqq +\infty$
$+\infty$	$x' < 1 < x''$	$(2 - \lambda)(x - x')(x - 1)(x - x'') > 0$	$-$	$-\infty < x \leqq x''$; $1 < x < x''$

157. Remarque. — On peut évidemment agir de même avec une relation conditionnelle de la forme

$$F(x).f(x) \geqslant 0.$$

Soit la relation conditionnelle

$$[(2 - \lambda)x^2 + 2\lambda x + 1](x - 1) \geqslant 0,$$

qui correspond à l'inéquation précédente.

On a :

λ	RELATION A RÉSOUDRE	$2 - \lambda$	SOLUTIONS
$-\infty$	$(2 - \lambda)(x - x')(x - 1)(x - x'') \geqslant 0$	$+$	$x' \leqslant x \leqslant 1$ $x'' \leqslant x \leqslant +\infty$
-3	$5\left(x - \dfrac{1}{5}\right)(x - 1)^2 \geqslant 0$	5	$\dfrac{1}{5} \leqslant x \leqslant +\infty$
	$(2 - \lambda)(x - x')(x - x'')(x - 1) \geqslant 0$	$\pm$	$x' \leqslant x \leqslant x''$ $1 \leqslant x \leqslant +\infty$
-2	$4\left(x - \dfrac{1}{2}\right)^2(x - 1) \geqslant 0$	4	$x = \dfrac{1}{2}$ $1 \leqslant x \leqslant +\infty$
	$(2 - \lambda)(M^2 + N^2)(x - 1) \geqslant 0$	$+$	$1 \leqslant x \leqslant +\infty$
1	$(x + 1)^2(x - 1) \geqslant 0$	1	$x = -1$ $1 \leqslant x \leqslant +\infty$
	$(2 - \lambda)(x - x')(x - x'')(x - 1) \geqslant 0$	$+$	$x' \leqslant x \leqslant x''$ $1 \leqslant x \leqslant +\infty$
2	$\left(x + \dfrac{1}{4}\right)(x - 1) \geqslant 0$	0	$-\infty \leqslant x \leqslant -\dfrac{1}{4}$ $1 \leqslant x \leqslant +\infty$
$+\infty$	$(2 - \lambda)(x - x')(x - 1)(x - x'') \geqslant 0$	$-$	$-\infty \leqslant x \leqslant x'$ $1 \leqslant x \leqslant x''$

Résolution d'une inéquation de la forme

$$\frac{F(x)}{f(x)} > 0,$$

dans laquelle l'une des fonctions $F(x)$ et $f(x)$ est du premier degré et l'autre du second.

158. On pourrait ramener cette question (62) à la résolution des deux systèmes

$$\left. \begin{array}{l} F(x) > 0 \\ f(x) > 0 \end{array} \right\} \quad \text{et} \quad \left\{ \begin{array}{l} F(x) < 0 \\ f(x) < 0. \end{array} \right.$$

Il est préférable d'étudier directement le signe de la fonction

$$\frac{F(x)}{f(x)},$$

en procédant comme au n° 156.

159. APPLICATION. — Soit l'inéquation

$$\frac{(2 - \lambda)x^2 + 2\lambda x + 1}{x - 1} > 0.$$

Profitons des résultats obtenus au n° 156 et examinons seulement les deux premiers cas. Pour les autres cas, ce serait analogue.

1° $-\infty < \lambda < -3.$

L'inéquation à résoudre est

$$\frac{(2 - \lambda)(x - x')(x - x'')}{x - 1} > 0,$$

et l'on a

$$x' < 1 < x''.$$

Les solutions sont définies par

$$x' < x \leqslant 1 \quad \text{et} \quad x'' < x \leqslant +\infty.$$

Remarquons que 1 est une solution, car lorsqu'on arrive à la valeur 1 par des valeurs inférieures, le premier membre de l'inéquation est $+\infty$, et l'inéquation est satisfaite.

2° $\qquad \lambda = -3.$

L'inéquation s'écrit

$$\frac{5\left(x - \frac{1}{5}\right)(x - 1)}{(x - 1)} > 0,$$

ou bien

$$5\left(x - \frac{1}{5}\right) > 0.$$

Elle admet comme solutions tous les nombres supérieurs à $\frac{1}{5}$, *sans exception*.

160. REMARQUE. — De ce que le nombre 1, qui est racine de l'équation

$$f(x) = 0$$

obtenue en égalant à zéro le dénominateur de la fonction

$$\frac{F(x)}{f(x)},$$

se trouve, dans notre exemple, être une solution de l'inéquation

$$\frac{F(x)}{f(x)} > 0,$$

il ne faudrait pas en conclure que toute racine de l'équation

$$f(x) = 0$$

est une solution d'une inéquation de la forme

$$\frac{F(x)}{f(x)} > 0.$$

Soit

$$\frac{x - 1}{(2 - \lambda)x^2 + 2\lambda x + 1} > 0,$$

et supposons

$$\lambda = +1.$$

L'inéquation est

$$\frac{x - 1}{(x + 1)^2} > 0.$$

Quand x arrive à la valeur -1, soit par des valeurs inférieures, soit par des valeurs supérieures, la fonction

$$\frac{x - 1}{(x + 1)^2} > 0$$

est constamment négative dans le voisinage de -1.

-1 n'est pas une solution.

161. Remarque. — On traiterait de la même façon une relation conditionnelle de la forme

$$\frac{F(x)}{f(x)} \geqslant 0,$$

dans laquelle l'une des fonctions est du premier degré et l'autre du second.

COMPARAISON DES RACINES DE DEUX ÉQUATIONS

DU SECOND DEGRÉ NON RÉSOLUES

---

162. Soient les deux équations

(1) $\qquad F(x) = Ax^2 + Bx + C = 0,$ $\qquad (A \neq 0)$

(2) $\qquad f(x) = ax^2 + bx + c = 0,$ $\qquad (a \neq 0)$

dont je suppose les *racines réelles*.

Remarquons tout d'abord que si l'une des équations, la seconde par exemple, avait ses racines égales, la valeur commune à ces racines serait $-\dfrac{b}{2a}$ et la question reviendrait à la comparaison du nombre $-\dfrac{b}{2a}$ aux racines de l'équation (1). Il suffirait alors d'appliquer la méthode exposée au n° 139.

Supposons donc les racines de chacune des équations réelles et distinctes, et désignons celles de la première par X' et X'' $\ (X' < X'')$ et celles de la seconde par x' et x'' $\ (x' < x'')$.

Ceci posé, considérons les deux fonctions

$$F(x) = Ax^2 + Bx + C,$$
$$f(x) = ax^2 + bx + c.$$

Multiplions la première fonction par a, la seconde par A, et retranchons le deuxième résultat du premier; nous formons une nouvelle fonction

$$a.F(x) - A.f(x)$$

définie par l'identité

(3) $\qquad a.F(x) - A.f(x) = x(Ba - Ab) + Ca - Ac.$

La quantité $Ba - Ab$ est en général différente de zéro; mais il peut arriver qu'elle soit nulle.

7

Plaçons-nous d'abord dans l'hypothèse

$$Ba - Ab \neq 0.$$

L'identité (3) s'écrit alors

$$a.F(x) - A.f(x) = (Ba - Ab)\left(x - \frac{Ac - Ca}{Ba - Ab}\right)$$

ou bien

$$(4) \qquad a.F(x) - A.f(x) = (Ba - Ab)(x - \alpha),$$

si l'on pose

$$\alpha = \frac{Ac - Ca}{Ba - Ab}.$$

Comparons le nombre connu α aux racines de l'une des équations, à celles de l'équation (2), par exemple. Comme il suffit, pour cela, d'appliquer la méthode 139, nous pouvons supposer la comparaison faite et admettre que nous connaissons l'ordre dans lequel se rangent la quantité connue α et les quantités inconnues x' et x''.

Il résulte de là que si, dans l'identité (4), on donne successivement à x les valeurs x' et x'', on peut déterminer, dans chaque cas, le signe que prend le binôme $x - \alpha$; d'où, la quantité $Ba - Ab$ étant connue, le signe que prennent les deux membres de l'identité (4).

D'ailleurs, le premier membre de cette identité devient

$$a.F(x') \qquad \text{ou bien} \qquad a.F(x''),$$

car on a identiquement

$$f(x') = 0 \qquad \text{et} \qquad f(x'') = 0.$$

On arrive donc à la détermination des signes des deux quantités

$$F(x') \qquad \text{et} \qquad F(x'').$$

Deux cas se présentent :

1° Les trois quantités

$$A, \qquad F(x'), \qquad F(x'')$$

n'ont pas toutes les trois le même signe.

Si $F(x')$ et $F(x'')$ sont du signe de $- A$, x' et x'' sont compris entre X' et X'', et l'on a

$$X' < x' < x'' < X''.$$

Si $F(x')$ et A sont de signes contraires, ce qui exige que $F(x'')$ et

A soient de même signe, x' est compris entre X' et X", et x'' est en dehors de l'intervalle (X'.X"). Comme x' est inférieur à x'', on a

$$X' < x' < X'' < x''.$$

Si F(x'') et A sont de signes contraires, ce qui exige que F(x') et A soient de même signe, x'' est compris entre X' et X", et x' est en dehors de l'intervalle (X'.X"). Comme x' est inférieur à x'', on a

$$x' < X' < x'' < X''.$$

2° Les trois quantités

$$A, \qquad F(x'), \qquad F(x'')$$

ont le même signe.

Dans ce cas, x' et x'' sont extérieurs à l'intervalle (X'.X"), et nous savons (131) que X' et X" sont dans celui des intervalles

$$-\infty \qquad x' \qquad x'' \qquad +\infty$$

qui contient leur demi-somme $-\dfrac{B}{2A}$.

Comparons donc $-\dfrac{B}{2A}$ aux racines de l'équation (2), et pour cela faisons une nouvelle application de la méthode 139.

Lorsque $f\left(-\dfrac{B}{2A}\right)$ et a sont de signes contraires, $-\dfrac{B}{2A}$ est dans l'intervalle du milieu, et l'on a

$$x' < X' < X'' < x''.$$

Lorsque $f\left(-\dfrac{B}{2A}\right)$ et a sont de même signe, $-\dfrac{B}{2A}$ est extérieur à l'intervalle ($x'.x''$).

Si

$$-\frac{B}{2A} < -\frac{b}{2a},$$

$-\dfrac{B}{2A}$ est inférieur aux deux nombres x' et x''. Cette quantité est comprise dans l'intervalle de gauche, et l'on a

$$X' < X'' < x' < x''.$$

Si

$$-\frac{B}{2A} > -\frac{b}{2a},$$

$-\dfrac{B}{2A}$ est supérieur aux deux nombres x' et x''. Cette quantité est comprise dans l'intervalle de droite, et l'on a

$$x' < x'' < X' < X''.$$

163. Remarque. — La comparaison de α aux racines de l'équation (2) conduit à former $f(\alpha)$. Il peut arriver que l'on ait

$$f(\alpha) = 0.$$

α est alors une racine de l'équation (2).

C'est aussi une racine de l'équation (1), car pour $x = \alpha$, l'identité (4) devient

$$a.F(\alpha) = 0,$$

d'où

$$F(\alpha) = 0.$$

Quand cette particularité se présente, les secondes racines des équations s'obtiennent en retranchant α des sommes

$$-\dfrac{B}{A} \qquad \text{et} \qquad -\dfrac{b}{a},$$

et la comparaison est immédiate.

164. Remarque. — Supposons maintenant

$$Ba - Ab = 0.$$

L'identité (3) devient

(5) $$a.F(x) - A.f(x) = Ca - Ac.$$

Deux cas se présentent :

1° $$Ca - Ac \neq 0.$$

Donnons à x, dans l'identité (5), successivement les valeurs x' et x''. Le terme $Af(x)$ disparaît, puisque x' et x'' sont les racines de l'équation (2), et l'identité (5) fournit les signes des quantités

$$F(x') \qquad \text{et} \qquad F(x'').$$

La question s'achève comme précédemment.

Remarquons que la relation

$$Ba - Ab = 0$$

revient à

$$- \frac{B}{2A} = - \frac{b}{2a}.$$

Par conséquent, si les trois quantités

$$A, \qquad F(x'), \qquad F(x'')$$

sont de même signe, comme $- \dfrac{b}{2a}$ est compris entre x' et x'', on a

$$x' < - \frac{B}{2A} < x''.$$

D'où, puisque X′ et X″ sont dans celui des intervalles

$$- \infty \qquad x' \qquad x'' \qquad + \infty$$

qui contient leur demi-somme,

$$x' < X' < X'' < x''.$$

2° $$\qquad Ca - Ac = 0.$$

Des deux hypothèses

$$Ba - Ab = 0, \qquad Ca - Ac = 0,$$

on tire

$$\frac{A}{a} = \frac{B}{b} = \frac{C}{c}.$$

Les coefficients des équations (1) et (2) sont proportionnels. Les équations ont les mêmes racines (115).

165. Remarque. — Pour abréger, après avoir constaté que x^2 n'existe pas dans la fonction

$$a . F(x) - A . f(x),$$

nous dirons que calculer cette fonction, c'est éliminer x^2 entre les relations

$$F(x) = Ax^2 + Bx + C,$$
$$f(x) = ax^2 + bx + c.$$

166. Applications :

1° Soient les deux équations

(1) $$\qquad F(x) = x^2 - 5x + 4 = 0,$$
(2) $$\qquad f(x) = x^2 - x - 2 = 0.$$

Éliminons x^2 entre les relations

$$F(x) = x^2 - 5x + 4,$$
$$f(x) = x^2 - x - 2.$$

Il vient

(3)
$$F(x) - f(x) = -4\left(x - \frac{3}{2}\right).$$

Comparons $\frac{3}{2}$ aux racines de l'équation (2).

$$f\left(\frac{3}{2}\right) = -\frac{5}{4}.$$

$f\left(\frac{3}{2}\right)$ est du signe de $-a$, et l'on a

$$x' < \frac{3}{2} < x''.$$

Donnons successivement à x, dans l'identité (3), les valeurs x' et x''; nous voyons que

$$F(x') > 0 \qquad \text{et que} \qquad F(x'') < 0.$$

Conséquence : Les racines se rangent ainsi :

$$x' < X' < x'' < X''.$$

2° Soient les deux équations

(1)
$$F(x) = x^2 - 3x + 2 = 0,$$

(2)
$$f(x) = x^2 - 2x - 3 = 0.$$

Éliminons x^2; il vient

(3)
$$F(x) - f(x) = -(x - 5).$$

Comparons 5 aux racines de l'équation (2).

$$f(5) = 12.$$

$f(5)$ est du signe de a.

5 est extérieur à l'intervalle $(x'. x'')$. Comme il est supérieur à la demi-somme $\frac{x' + x''}{2} = 1$, on a

$$x' < x'' < 5.$$

Donnons successivement à x, dans l'identité (3), les valeurs x' et x''; nous voyons que

$$F(x') > 0 \quad \text{et que} \quad F(x'') > 0.$$

Les trois quantités

$$A, \qquad F(x'), \qquad F(x'')$$

sont de même signe. Les racines X′ et X″ sont dans celui des intervalles

$$- \infty \qquad x' \qquad x'' \qquad + \infty$$

qui contient leur demi-somme $\frac{3}{2}$.

Comparons $\frac{3}{2}$ aux racines de l'équation (2).

$$f\left(\frac{3}{2}\right) = - \frac{15}{4}.$$

$f\left(\frac{3}{2}\right)$ est du signe de $- a$. $\frac{3}{2}$ est compris entre x' et x''.

Conséquence : Les racines se rangent ainsi :

$$x' < X' < X'' < x''.$$

3° Soient les équations

(1) $$F(x) = x^2 - 3x + 2 = 0,$$

(2) $$f(x) = x^2 + 3x + 2 = 0.$$

Éliminons x^2; il vient

(3) $$F(x) - f(x) = - 6x = - 6(x - 0).$$

Comparons zéro aux racines de l'équation (2); on a

$$x' < x'' < 0.$$

Donnons successivement à x, dans l'identité (3), les valeurs x' et x''; nous voyons que

$$F(x') > 0 \quad \text{et que} \quad F(x'') > 0.$$

Les trois quantités

$$A, \qquad F(x'), \qquad F(x'')$$

sont de même signe.

Les racines X′ et X″ sont dans celui des intervalles

$$- \infty \qquad x' \qquad x'' \qquad + \infty$$

qui contient leur demi-somme $\frac{3}{2}$.

Or,

$$f\left(\frac{3}{2}\right) > 0.$$

De plus,

$$\frac{3}{2} > \frac{x' + x''}{2}.$$

$\frac{3}{2}$ se place donc dans l'intervalle de droite.

Conséquence : Les racines se rangent ainsi :

$$x' < x'' < X' < X''.$$

4° Soient les deux équations

(1) $\qquad\qquad F(x) = x^2 - 4x - 5 = 0,$

(2) $\qquad\qquad f(x) = x^2 - 4x + 3 = 0.$

Éliminons x^2 ; il vient

(3) $\qquad\qquad F(x) - f(x) = -8.$

Donnons successivement à x, dans l'identité (3), les valeurs x' et x'' ; nous voyons que

$$F(x') < 0 \qquad \text{et que} \qquad F(x'') < 0.$$

A étant positif, les racines x' et x'' sont comprises entre X' et X''. On a

$$X' < x' < x'' < X''.$$

167. Remarque. — Dans les exercices que nous venons de traiter, il eût été plus simple de calculer d'abord les racines et de les comparer ensuite, car nous avons choisi, pour qu'on puisse facilement vérifier les résultats, des équations dont les racines ont des valeurs absolues entières.

Si ces valeurs absolues étaient incommensurables, la méthode que nous avons exposée deviendrait, dans bien des cas, préférable à la comparaison après calcul.

Ajoutons que la méthode est presque indispensable quand des coefficients, dans les équations, sont littéraux. On ne peut alors que représenter symboliquement les racines, et si l'on voulait les comparer directement, il faudrait résoudre des inéquations contenant des radicaux, ce qui offre de très grandes difficultés.

168. Application. — *Comparer les racines des deux équations*

(1) $$F(x) = (\lambda - 1)x^2 - 2x - \lambda = 0,$$
(2) $$f(x) = x^2 - \lambda x - 2 = 0,$$

dans lesquelles λ peut recevoir une valeur quelconque depuis $-\infty$ jusqu'à $+\infty$.

Le réalisant de la première équation est

$$\lambda^2 - \lambda + 1.$$

Cette fonction de λ ayant un réalisant négatif, est toujours du signe de son premier terme. Elle est donc toujours positive, et les racines de l'équation (1) sont réelles, quel que soit λ.

Il en est de même des racines de l'équation (2), car les termes extrêmes de cette équation ont des signes contraires.

Nous n'avons donc pas à nous préoccuper de la réalité des racines.

Calculs préliminaires.

1° *Élimination de x^2 entre*

$$F(x) = (\lambda - 1)x^2 - 2x - \lambda,$$
$$f(x) = x^2 - \lambda x - 2.$$

On a

$$F(x) - (\lambda - 1)f(x) = (\lambda + 1)(\lambda - 2)\left(x - \frac{-1}{\lambda + 1}\right).$$

Remarquons que $-\dfrac{1}{\lambda + 1}$ est la valeur désignée par α dans la théorie générale.

2° *Calcul de*

$$f\left(\frac{-1}{\lambda + 1}\right).$$

On a

$$f\left(\frac{-1}{\lambda + 1}\right) = \frac{-\lambda^2 - 3\lambda - 1}{(\lambda + 1)^2}.$$

Comme la fonction du second degré en λ

$$\varphi(\lambda) = -\lambda^2 - 3\lambda - 1$$

a un réalisant positif, si l'on désigne par λ' et λ'' ($\lambda' < \lambda''$) les racines de l'équation

$$-\lambda^2 - 3\lambda - 1 = 0,$$

on peut écrire

$$- \lambda^2 - 3\lambda - 1 = - (\lambda - \lambda')(\lambda - \lambda''),$$

d'où

$$f\left(\frac{-1}{\lambda+1}\right) = - \frac{(\lambda-\lambda')(\lambda-\lambda')}{(\lambda+1)^2}.$$

3° *Comparaison de* $-\dfrac{1}{\lambda+1}$ *à la demi-somme des racines de l'équation* (2).

On a

$$- \frac{1}{\lambda+1} \gtrless \frac{\lambda}{2},$$

si l'on a, avec correspondance des signes d'inégalité,

$$- \frac{1}{\lambda+1} - \frac{\lambda}{2} \gtrless 0$$

ou

$$- \frac{\lambda^2 + \lambda + 2}{2(\lambda+1)} \gtrless 0.$$

Constatons que la fonction du second degré en λ

$$\lambda^2 + \lambda + 2$$

ayant un réalisant négatif, est toujours positive, et posons

$$\psi(\lambda) = - \frac{\lambda^2 + \lambda + 2}{2(\lambda+1)}.$$

Remarque. — Ces calculs nous montrent que les signes des quantités que nous avons à examiner dépendent de la grandeur de λ par rapport aux valeurs remarquables

$$-1, \qquad 2, \qquad \lambda', \qquad \lambda''.$$

Nous aurons donc facilement ces signes quand nous connaîtrons l'ordre de grandeur des valeurs précédentes, c'est-à-dire quand nous aurons classé ces valeurs.

Nous avons

$$\varphi(-\infty) < 0,$$
$$\varphi(-1) > 0,$$
$$\varphi(0) < 0,$$

d'où

$$\lambda' < -1 < \lambda'' < 0 < 2.$$

Conséquences :

1° *Classem*ent $\qquad -\dfrac{1}{\lambda+1}, \qquad x', \qquad x''.$

λ	$f\left(-\dfrac{1}{\lambda+1}\right)$	$\psi(\lambda)$	a	CLASSEMENT
$-\infty$				
	$-$		$+$	$-\dfrac{1}{\lambda+1}$ est compris entre x' et x''. $\qquad x' < -\dfrac{1}{\lambda+1} < x''.$
λ'	$\rule{2cm}{1pt}$	....	$-$	$\left\{ \quad x' < \dfrac{-1}{\lambda+1} = x''. \right.$
				$-\dfrac{1}{\lambda+1}$ est extérieur aux racines x' et x''.
	$+$	$+$	$+$	$-\dfrac{1}{\lambda+1}$ est supérieur à la demi-somme $\dfrac{x'+x''}{2}.$ $\qquad x' < x'' < -\dfrac{1}{\lambda+1}.$
-1	....	$\rule{2cm}{1pt}$	....	
				$-\dfrac{1}{\lambda+1}$ est extérieur aux racines x' et x''.
	$+$	$-$	$+$	$-\dfrac{1}{\lambda+1}$ est inférieur à la demi-somme $\dfrac{x'+x''}{2}.$ $\qquad -\dfrac{1}{\lambda+1} < x' < x''.$
λ''	$\rule{2cm}{1pt}$	....	$-$	$\left\{ \quad -\dfrac{1}{\lambda+1} = x' < x''. \right.$
				$-\dfrac{1}{\lambda+1}$ est compris entre x' et x''.
	$-$		$+$	$x' < -\dfrac{1}{\lambda+1} < x''.$
$+\infty$				

2º *Détermination des signes de* $F(x')$ *et* $F(x'')$.

Rappelons que l'on a l'identité

$$F(x) - (\lambda - 1) f(x) = (\lambda - 2)(\lambda + 1)\left(x - \frac{-1}{\lambda + 1}\right)$$

et que le premier membre de cette identité se réduit à $F(x')$ ou à $F(x'')$ quand on y fait

$$x = x' \quad \text{ou} \quad x = x''.$$

λ	λ+1	λ−2	CLASSEMENT PRÉCÉDENT	$x' - \frac{-1}{\lambda+1}$	$x'' - \frac{-1}{\lambda+1}$	$F(x')$	$F(x'')$
−∞							
	−	−	$x' < \frac{-1}{\lambda + 1} < x''$	−	+	−	+
λ′ ···· ·····	····	····	$x' < \frac{-1}{\lambda + 1} = x''$	−	0	−	0
	−	−	$x' < x'' < \frac{-1}{\lambda + 1}$	−	−	−	−
− 1		····					
	+	−	$-\frac{1}{\lambda + 1} < x' < x''$	+	+	−	−
λ″ ···· ·····	····	····	$-\frac{1}{\lambda + 1} = x' < x''$	0	+	0	−
	+	−	$x' < \frac{-1}{\lambda + 1} < x''$	−	+	+	−
2 ····		····	········· ·········	·········	·········	0	0
	+	+	$x' < \frac{-1}{\lambda + 1} < x''$	−	+	−	+
+∞							

3° Premiers résultats.

λ	$A = \lambda - 1$	$F(x')$	$F(x'')$	CONCLUSIONS
$-\infty$				
	$-$	$-$	$+$	$x' < X' < x'' < X''$
λ'	$-\begin{cases} \\ \\ \end{cases}$	$-$	0	$x' < X' < x'' = X''$
	$-$	$-$	$-$	
-1				Conclusions réservées.
	$-$	$-$	$-$	
λ''	$-\begin{cases} \\ \\ \end{cases}$	0	$-$	$x' = X' < X'' < x''$
	$-$	$+$	$-$	$X' < x' < X'' < x''$
1				
	$+$	$+$	$-$	$x' < X' < x'' < X''$
2	$-\begin{cases} \\ \\ \end{cases}$	0	0	$x' = X' < x'' = X''$
	$+$	$-$	$+$	$X' < x' < X'' < x''$
$+\infty$				

4° Derniers résultats.

Il ne nous reste plus qu'à examiner l'intervalle $(\lambda'.\lambda'')$ pour lequel nous n'avons pas pu conclure, les renseignements étant insuffisants.

Il nous faut comparer la demi-somme $\dfrac{1}{\lambda - 1}$ des racines de l'équation (1) aux racines de l'équation (2).

$$f\left(\frac{1}{\lambda - 1}\right) = \frac{-3\lambda^2 + 5\lambda - 1}{(\lambda - 1)^2}.$$

La fonction

$$-3\lambda^2 + 5\lambda - 1,$$

du second degré en λ, a un réalisant positif.

Elle peut se mettre sous la forme

$$- 3(\lambda - \lambda_1')(\lambda - \lambda_1'').$$

On constate sans peine que les quantités λ_1' et λ_1'', qui sont les racines de l'équation

$$- 3\lambda^2 + 5\lambda - 1 = 0,$$

sont positives. Elles sont donc supérieures à λ' et à λ'', qui, nous l'avons vu, sont négatives.

Il s'ensuit que dans tout l'intervalle $(\lambda'.\lambda'')$ la fonction

$$- 3\lambda^2 + 5\lambda - 1$$

est du signe de son premier terme, c'est-à-dire négative.

Ainsi, dans tout cet intervalle, l'expression

$$f\left(\frac{1}{\lambda - 1}\right)$$

est négative ; elle est du signe de $- a$, et l'on a

$$x' < \frac{1}{\lambda - 1} < x''.$$

D'ailleurs, nous savons (voir les deux tableaux précédents) que les racines X' et X'' sont dans celui des intervalles

$$- \infty \qquad x' \qquad x'' \qquad + \infty$$

qui contient leur demi-somme. On a donc pour l'intervalle réservé :

$$x' < X' < X'' < x''.$$

RÉSOLUTION D'UN SYSTÈME FORMÉ DE DEUX INÉQUATIONS SIMULTANÉES DU SECOND DEGRÉ

169. Soient

(1) $$F(x) = Ax^2 + Bx + C > 0,$$

(2) $$f(x) = ax^2 + bx + c > 0,$$

les deux inéquations respectivement équivalentes aux inéquations du système donné. Il nous suffit de trouver les solutions communes aux inéquations (1) et (2).

Considérons les réalisants des deux fonctions $F(x)$ et $f(x)$. Trois cas se présentent :

1° L'un des réalisants est négatif.

Si le coefficient de x^2 dans l'inéquation correspondante est positif, les solutions de cette inéquation sont tous les nombres depuis $-\infty$ jusqu'à $+\infty$, et les solutions du système sont toutes les solutions de l'autre inéquation.

Si le coefficient de x^2 dans l'inéquation correspondante est négatif, cette inéquation n'a pas de solution. Le système n'a pas de solution.

2° L'un des réalisants est nul.

Fixons les idées. Supposons que le réalisant de l'inéquation (1) soit nul.

Si A est positif, l'inéquation (1) a pour solution tous les nombres depuis $-\infty$ jusqu'à $+\infty$, excepté le nombre X', qui est la racine double de l'équation

$$F(x) = 0.$$

Les solutions du système sont toutes celles de l'inéquation (2), *excepté* X', lorsque ce nombre se trouve parmi ces solutions.

Si A est négatif, l'inéquation (1) n'ayant pas de solution, il en est de même du système proposé.

3° Les deux réalisants sont positifs.

Les deux inéquations s'écrivent

$$A(x - X')(x - X'') > 0,$$
$$a(x - x')(x - x'') > 0.$$

La résolution de chacune d'elles (144) détermine des intervalles dans lesquels x doit être compris. Ces intervalles sont limités par les valeurs suivantes, que j'écris dans un ordre quelconque :

$$-\infty, \quad X', \quad X'', \quad x', \quad x'', \quad +\infty \cdot$$

Classons ces valeurs par ordre de grandeur, ainsi que nous avons appris à le faire (162).

Il est alors facile de voir quels sont les intervalles dans lesquels x doit se trouver pour satisfaire à la fois aux deux inéquations. Les solutions du système sont les valeurs comprises dans ces intervalles.

Exemple : Je suppose que les solutions de la première inéquation soient données par

$$-\infty \leqslant x < X' \qquad \text{et} \qquad X'' < x \leqslant +\infty,$$

et celles de la seconde par

$$x' < x < x''.$$

Je suppose, en outre, que les valeurs remarquables soient classées de la façon suivante :

$$-\infty < x' < X' < X'' < x'' < +\infty.$$

Les solutions du système sont définies par

$$x' < x < X' \quad \text{et} \quad X'' < x < x''.$$

170. Remarque. — La résolution d'un système formé d'une inéquation et d'une relation conditionnelle, ou bien de deux relations conditionnelles, se fera par la même méthode.

171. *Application.* — Soit le système des deux inéquations simultanées

(1) $$(\lambda - 1)x^2 - 2x - \lambda > 0,$$

(2) $$x^2 - \lambda x - 2 > 0,$$

dans lesquelles λ peut recevoir une valeur quelconque.

Les fonctions qui composent ces inéquations ont été étudiées (168). J'utilise les résultats.

Les deux réalisants sont toujours positifs.

Lorsque $\lambda \neq 1$, l'inéquation (1) s'écrit

$$(\lambda - 1)(x - X')(x - X'') > 0.$$

Si $\lambda < 1$, ses solutions sont données par

$$X' < x < X''.$$

Si $\lambda > 1$, ses solutions sont données par

$$-\infty \leqslant x < X' \quad \text{et} \quad X'' < x \leqslant +\infty.$$

Lorsque $\lambda = 1$, l'inéquation (1) s'écrit

$$-2x - 1 > 0,$$

et ses solutions sont données par

$$-\infty \leqslant x < -\frac{1}{2}.$$

L'inéquation (2) s'écrit dans tous les cas

$$(x - x')(x - x'') > 0.$$

Ses solutions sont données par

$$-\infty \leqslant x < x' \quad \text{et} \quad x'' < x \leqslant +\infty.$$

Nous avons alors le tableau suivant, dans lequel les nombres λ' et λ'' sont les racines de l'équation

$$- \lambda^2 - 3\lambda - 1 = 0.$$

λ	SOLUTIONS DE L'INÉQUATION (1)	SOLUTIONS DE L'INÉQUATION (2)	CLASSEMENT DES VALEURS REMARQUABLES	SOLUTIONS DU SYSTÈME
$-\infty$	$X' < x < X''$	$-\infty < x < x' \ \wedge \ x'' < x < +\infty$	$x' < X' < x'' < X''$	$x'' < x < X''$
λ'	$X' < x < X''$	$-\infty < x < x' \ \wedge \ x'' < x < +\infty$	$x' < X' < x'' = X''$	pas de solution
λ''	$X' < x < X''$	$-\infty < x < x' \ \wedge \ x'' < x < +\infty$	$x' = X' < X'' < x''$	pas de solution
1	$-\dfrac{1}{2} < x < X' \ \wedge \ X'' < x < +\infty$	$-1 < x < x' \ \wedge \ x'' < x < +\infty$	$-1 < -\dfrac{1}{2}$	pas de solution
2	$X'' < x < X'$	$-\infty < x < x' \ \wedge \ x'' < x < +\infty$	$x' < X'' < x'' < X'$	$-\infty < x < x' \ \wedge \ x'' < x < +\infty$
$+\infty$	$-\infty < x < X'' \ \wedge \ X' < x < +\infty$	$-\infty < x < x' \ \wedge \ x'' < x < +\infty$	$x' = X'' < x'' = X'$	$X' < x < X''$

8

172. Remarque. — Soit le système

$$(\lambda - 1)x^2 - 2x - \lambda \geqslant 0,$$

$$x^2 - \lambda x - 2 \geqslant 0.$$

Les solutions sont celles du système précédent, auxquelles il faut adjoindre les valeurs limites des intervalles. De plus, pour $\lambda = \lambda'$, on a la solution

$$x = x'' = X'',$$

et pour $\lambda = \lambda''$, la solution

$$x = x' = X'.$$

Résolution d'une inéquation de l'une des deux formes

$$F(x) \cdot f(x) > 0, \qquad \frac{F(x)}{f(x)} > 0,$$

dans lesquelles les fonctions $F(x)$ et $f(x)$ sont du second degré.

173. Cette question pourrait se ramener (59 et 62) à celle de la recherche de l'ensemble des solutions des deux systèmes

$$\left. \begin{array}{l} F(x) > 0 \\ f(x) > 0 \end{array} \right\} \qquad et \qquad \left\{ \begin{array}{l} F(x) < 0 \\ f(x) < 0. \end{array} \right.$$

Mais il est préférable d'étudier directement le signe de la fonction qui compose le premier membre de l'inéquation donnée, après avoir mis les fonctions $F(x)$ et $f(x)$ sous une forme remarquable (121) et avoir classé les racines des équations

$$F(x) = 0, \qquad f(x) = 0,$$

s'il y a lieu.

Les applications suivantes suffisent à faire comprendre la méthode et à indiquer la marche à suivre dans les différents cas qui peuvent se présenter.

Pour éviter les *calculs préliminaires*, je considère les inéquations dans lesquelles les fonctions $F(x)$ et $f(x)$ sont les fonctions étudiées au n° 168.

1° Soit l'inéquation

$$[(\lambda - 1)x^2 - 2x - \lambda](x^2 - \lambda x - 2) > 0.$$

Nous avons le tableau suivant :

λ	FORME DE L'INÉQUATION	$\lambda - 1$	CLASSEMENT DES VALEURS REMARQUABLES	SOLUTIONS
$-\infty$	$(\lambda - 1)(x - x')(x - X')(x - x'')(x - X'') > 0$	$-$	$x' < X' < x'' < X''$	$x' < x < X'$ $x'' < x < X''$
λ'	$(\lambda' - 1)(x - x')(x - X')(x - x'')^2 > 0$	$-$	$x' < X' < x'' = X''$	$x' < x < X'$ $x'' < x < x''$
λ''	$(\lambda - 1)(x - x')(x - X')(x - x'')(x - x'') > 0$	$-$	$x' < X' < X'' < x''$	$x' < x < X'$ $X'' < x < x''$
	$(\lambda'' - 1)(x - x')^2(x - X')(x - x'') > 0$	$-$	$x' = X' < X'' < x''$	$X'' < x < x''$
	$(\lambda - 1)(x - X')(x - x')(x - X')(x - x'') > 0$	$-$	$X' < x' < X'' < x''$	$X' < x < x'$ $X'' < x < x''$
1	$-2(x + 1)\left(x + \dfrac{1}{2}\right)(x - 2) > 0$	0	$-1 < -\dfrac{1}{2} < 2$	$-\infty < x < -1$ $-\dfrac{1}{2} < x < 2$
	$(\lambda - 1)(x - x')(x - X')(x - x'')(x - X'') > 0$	$+$	$x' < X' < x'' < X''$	$-\infty < x < x'$ $X' < x < x''$ $X'' < x < +\infty$
2	$(\lambda - 1)(x - x')^2(x - x'')^2 > 0$	$+$	$x' = X' < x'' = X''$	$-\infty < x < +\infty$ Excepté x c. x''
$+\infty$	$(\lambda - 1)(x - X')(x - x')(x - X')(x - x') > 0$	$+$	$X' < x' < X'' < x''$	$-\infty < x < X'$ $x' < x < X''$ $x'' < x < +\infty$

2° Soit l'inéquation

$$\frac{(\lambda - 1)x^2 - 2x - \lambda}{x^2 - \lambda x - 2} > 0.$$

Nous avons le tableau suivant :

λ	FORME DE L'INÉQUATION	$\lambda - 1$	CLASSEMENT DES VALEURS REMARQUABLES	SOLUTIONS
$-\infty$	$\dfrac{(\lambda-1)(x-X')(x-X'')}{(x-x')(x-x'')} > 0$	—	$x' < X' < x'' < X''$	$x' < x < X'$; $x'' < x < X''$
λ'	$\dfrac{(\lambda-1)(x-X'')}{x-x'} > 0$	—	$x' < X' < x'' = X''$	$x' < x < X'$; $x'' < x < X''$
λ''	$\dfrac{(\lambda-1)(x-X')(x-X'')}{(x-x')(x-x'')} > 0$	—	$x' = X' < x'' < X''$	$x' < x < X'$; $X'' < x < x''$
	$\dfrac{(\lambda-1)(x-X')(x-X'')}{(x-x')} > 0$	—	$X' < x' < X'' < x''$	$X' < x < x'$; $X'' < x < x''$
1	$\dfrac{-2(x+\frac{1}{2})}{(x+1)(x-2)} > 0$	0	$-1 < -\frac{1}{2} < 2$	$-\infty < x < -1$; $-\frac{1}{2} < x < 2$
2	$\dfrac{(\lambda-1)(x-X')(x-X'')}{(x-x')(x-x'')} > 0$	$+$	$x' < X' < x'' < X''$	$X' < x < x'$; $X'' < x < +\infty$; $-\infty < x < x'$
	$\dfrac{(\lambda-1)(x-1)}{x-x'} > 0$	$+$	$x' < x'' = X''$	$x' < x < +\infty$; $-\infty < x < x'$
$+\infty$	$\dfrac{(\lambda-1)(x-X')(x-X'')}{(x-x')(x-x'')} > 0$	$+$	$X' < x' < x'' < X''$	$x'' < x < X''$; $-\infty < x < X'$

174. REMARQUE. — On résoudrait de la même façon des relations conditionnelles de même forme.

Conditions auxquelles doivent satisfaire les coefficients d'une équation du second degré pour que les racines de cette équation se placent d'une certaine façon par rapport à un nombre donné.

175. Ces conditions résultent immédiatement des conclusions auxquelles nous sommes arrivés dans la comparaison d'un nombre aux racines d'une équation du second degré (139).

Soit

$$F(x) = ax^2 + bx + c = 0, \qquad (a \neq 0)$$

l'équation donnée, dont je suppose les racines réelles.

1° Pour que le nombre α soit compris entre les racines, il faut et il suffit que a et $F(\alpha)$ soient de signes contraires, c'est-à-dire que

(1) $$a.F(\alpha) < 0.$$

2° Pour que le nombre α soit extérieur aux racines, il faut et il suffit que a et $F(\alpha)$ soient de même signe, c'est-à-dire que

(2) $$a.F(\alpha) > 0.$$

Si l'on veut que α soit supérieur aux racines, on devra joindre à la condition (2) la suivante :

$$\alpha > -\frac{b}{2a},$$

qui s'écrit encore

$$\alpha + \frac{b}{2a} > 0,$$

ou bien, en multipliant les deux membres par la quantité positive $2a^2$,

(3) $$a(2a\alpha + b) > 0.$$

Si l'on veut que α soit inférieur aux racines, en outre de la condition (2), il faudra la suivante :

$$\alpha < -\frac{b}{2a},$$

qui s'écrit encore

(4) $$a(2a\alpha + b) < 0.$$

176 Remarque. — Les conditions (2) et (3), ou bien (2) et (4), ne sont suffisantes que dans l'hypothèse où les racines sont réelles.

Si le contraire pouvait se produire, il faudrait y joindre

$$b^2 - 4ac \geqslant 0.$$

177 Remarque. — Il est inutile d'écrire que les racines sont réelles, lorsqu'on emploie la condition (1), car elle entraîne la réalité des racines, puisqu'elle signifie **(136)** qu'il y a une racine entre $-\infty$ et α et une autre entre α et $+\infty$

178 Applications :

1° Étant donnée l'équation

$$F(x) = -x^2 + x + \lambda = 0,$$

déterminer λ de façon que 3 soit compris entre les racines.

Il faut et il suffit que

$$a \cdot F(\alpha) < 0,$$

c'est à-dire

$$-F(3) < 0$$

ou

$$-6 + \lambda > 0.$$

La question revient à la résolution de l'inéquation

$$\lambda - 6 > 0.$$

Tous les nombres supérieurs à 6 résolvent le problème.

2° Soit l'équation

$$F(x) = (\lambda - 1)x^2 + (\lambda + 1)x + \lambda = 0.$$

Trouver les valeurs de λ pour lesquelles les racines sont inférieures à 1.

Le réalisant de l'équation est

$$\rho = -3\lambda^2 + 6\lambda + 1.$$

Cette fonction de λ, du second degré, a un réalisant positif. Si l'on désigne par λ' et $\lambda''(\lambda' < \lambda'')$ les racines de l'équation

$$-3\lambda^2 + 6\lambda + 1 = 0,$$

elle se met sous la forme

$$\rho = -3(\lambda - \lambda')(\lambda - \lambda'').$$

D'où une première relation de condition :

$$-.(\lambda - \lambda')(\lambda - \lambda'') \geqslant 0.$$

Nous en avons deux autres, représentées d'une façon générale par

$$a.F(\alpha) > 0, \qquad a(2a\alpha + b) > 0.$$

Elles sont ici, puisque $\alpha = 1$:

$$\begin{cases} 3(\lambda - 1)\lambda > 0 \\ (\lambda - 1)(3\lambda - 1) > 0, \end{cases}$$

ou bien

$$\begin{cases} \lambda(\lambda - 1) > 0 \\ \left(\lambda - \dfrac{1}{3}\right)(\lambda - 1) > 0. \end{cases}$$

En résumé, les valeurs demandées sont les solutions du système

$$\begin{cases} -(\lambda - \lambda')(\lambda - \lambda'') \geqslant 0, & (1) \\ \lambda(\lambda - 1) > 0, & (2) \\ \left(\lambda - \dfrac{1}{3}\right)(\lambda - 1) > 0. & (3) \end{cases}$$

Les solutions de (1) sont tous les nombres définis par

$$\lambda' \leqslant \lambda \leqslant \lambda'';$$

celles de (2), tous les nombres extérieurs à l'intervalle

$$0 \qquad 1;$$

celles de (3), tous les nombres extérieurs à l'intervalle

$$\frac{1}{3} \qquad 1.$$

Comme on a (139)

$$\lambda' < 0 < \frac{1}{3} < 1 < \lambda'',$$

les solutions du problème sont données par

$$\lambda' \leqslant \lambda < 0 \qquad \text{et} \qquad 1 < \lambda \leqslant \lambda''.$$

179. REMARQUE. — Dorénavant, nous pourrons résoudre toutes les questions du genre des précédentes, pour lesquelles on trouvera des inéquations du premier et du second degré.

RÉSOLUTION D'UN SYSTÈME FORMÉ D'UNE ÉQUATION
DU SECOND DEGRÉ ET D'UNE OU PLUSIEURS INÉQUATIONS

180. Proposons-nous de trouver les nombres qui satisfont simultanément à une équation du second degré et à une ou plusieurs inéquations que l'on sait résoudre.

Ces nombres sont à la fois des racines de l'équation et des solutions des inéquations. Nous les appellerons les solutions du système.

1° Il peut arriver que l'équation ait ses racines imaginaires. Il peut aussi se faire que le système des inéquations n'ait pas de solution. Dans ces deux cas, le système proposé n'a évidemment pas de solution.

2° Supposons que l'équation ait ses racines réelles et que le système des inéquations ait des solutions. Ces solutions sont les nombres compris dans certains intervalles que nous savons déterminer, et pour qu'une racine de l'équation soit une solution du système, il faut et il suffit qu'elle appartienne à l'un de ces intervalles.

Il résulte de là que l'on aura les solutions du système en comparant les racines de l'équation aux valeurs limites des intervalles et conservant toute racine qui se placera dans l'un quelconque de ces intervalles.

181. REMARQUE. — Cette méthode s'applique encore à la résolution d'un système dans lequel des inéquations sont remplacées par des *relations conditionnelles*.

182. REMARQUE. — Soient α et β les limites d'un certain intervalle. Si la résolution du système des inéquations et des relations conditionnelles donne parmi les résultats

$$\alpha < x \leqslant \beta,$$

α ne peut pas être une solution du système proposé; mais β peut l'être.

183. Applications :

I. Soit le système

$$\begin{cases} -x^2 + 3x + 1 = 0, \\ 2x - 1 > 0. \end{cases}$$

L'équation a ses racines réelles. Je les désigne par x' et x'' $(x' < x'')$.

Les solutions de l'inéquation sont tous les nombres qui satisfont à

$$\frac{1}{2} < x \leqslant +\infty.$$

En comparant (139) $\frac{1}{2}$ et $+\infty$ aux racines de l'équation, je constate que l'on a

$$x' < \frac{1}{2} < x'' < +\infty.$$

Conséquence : Le système proposé admet une seule solution, qui est

$$x'' = \frac{3 + \sqrt{13}}{2}.$$

II. Soit le système

$$\begin{cases} -x^2 + 3x - 2 = 0, \\ -2x + 1 > 0. \end{cases}$$

L'équation a ses racines réelles.

Les solutions de l'inéquation sont tous les nombres qui satisfont à

$$-\infty \leqslant x < \frac{1}{2}.$$

En comparant (139) $\frac{1}{2}$ aux racines, on trouve que $\frac{1}{2}$ leur est inférieur.

Conséquence : Aucune des racines de l'équation n'est comprise dans l'intervalle

$$-\infty \qquad \frac{1}{2}.$$

Le système n'admet aucune solution.

III. Soit le système

$$\begin{cases} F(x) = -x^2 - 2x - \lambda = 0, \\ x - \lambda > 0, \end{cases}$$

dans lequel λ peut recevoir une valeur quelconque depuis $-\infty$ jusqu'à $+\infty$.

Calculs préliminaires :

1° Le réalisant de l'équation est

$$\rho = 1 - \lambda.$$

2° Les solutions de l'inéquation sont données par

$$\lambda < x \leqslant + \infty.$$

3°
$$F(\lambda) = - \lambda^2 - 3\lambda = - \lambda(\lambda + 3).$$
$$F(+ \infty) = - \infty.$$

La demi-somme des racines est — 1.

Comparaison de λ et de $+ \infty$ aux racines de l'équation.

λ	ρ	$F(\lambda)$	$F(+\infty)$	RÉSULTATS DE LA COMPARAISON
$-\infty$				
	$+$	$-$	$-$	Les deux racines sont dans celui des intervalles $-\infty \quad \lambda \quad +\infty$ qui contient leur demi-somme. λ étant inférieur à — 3. est inférieur à la demi-somme — 1. Les racines sont comprises entre λ et $+\infty$.
-3				$-$ { $\lambda = -3$ est une racine. Puisque la demi-somme est — 1, l'autre racine est supérieure à λ.
	$+$	$+$	$-$	λ est compris entre les racines.
-1				La plus grande des racines est comprise entre λ et $+\infty$.
	$+$	$+$	$-$	
0				$-$ { $\lambda = 0$ est une racine. La demi-somme étant — 1, l'autre racine est inférieure à λ.
	$+$	$-$	$-$	Les deux racines sont dans celui des intervalles $-\infty \quad \lambda \quad +\infty$ qui contient leur demi-somme — 1. Les deux racines sont en dehors de l'intervalle $(\lambda . +\infty)$.
1				
		$-$		Les racines sont imaginaires.
$+\infty$				

Conséquences :

Si λ est inférieur à — 3, le système a deux solutions, qui sont les racines de l'équation.

Si λ est compris entre — 3 et 0, le système a une seule solution, qui est la plus grande des racines de l'équation.

Si λ est supérieur à zéro, le système n'a pas de solution.

Remarque. — Lorsque $\lambda = -3$, le système a une solution. Il n'en a pas lorsque $\lambda = 0$.

Remarque. — Si l'inéquation était remplacée par la relation conditionnelle

$$x - \lambda \geqslant 0,$$

les résultats ne seraient modifiés que dans les deux cas qui font l'objet de la remarque précédente. Le système admettrait deux solutions pour $\lambda = -3$, et une seule pour $\lambda = 0$.

IV. Soit le système

$$\begin{cases} F(x) = -x^2 - 2x - \lambda = 0, \\ \qquad x^2 - \lambda^2 \leqslant 0, \end{cases}$$

dans lequel λ peut recevoir une valeur quelconque depuis $-\infty$ jusqu'à $+\infty$.

Calculs préliminaires :

1° Le réalisant de l'équation est

$$\rho = 1 - \lambda.$$

2° Les solutions de la relation conditionnelle, qui s'écrit

$$(x + \lambda)(x - \lambda) \leqslant 0,$$

sont tous les nombres appartenant à l'intervalle

$$-\lambda \qquad +\lambda.$$

3°
$$F(-\lambda) = -\lambda^2 + \lambda = -\lambda(\lambda - 1).$$
$$F(+\lambda) = -\lambda^2 - 3\lambda = -\lambda(\lambda + 3).$$
$$F(\pm\infty) = -\infty.$$

La demi-somme des racines de l'équation est — 1.

Comparaison de − λ *et de* + λ *aux racines* x′ *et* x″ (x′ < x″)
de l'équation.

λ	ρ	$F(-\lambda)$	$F(+\lambda)$	$F(\pm\infty)$	RÉSULTATS DE LA COMPARAISON
− ∞					Les racines sont dans celui des intervalles $$-\infty \quad \lambda \quad -\lambda \quad +\infty$$ qui contient leur demi-somme − 1.
	+	−	−	−	La valeur absolue de λ étant supérieure à 3, on a $$\lambda < -1 < -\lambda,$$ d'où $$\lambda < a' < x'' < -\lambda.$$
− 3	....			....	$\begin{cases} x' = \lambda = -3 \\ \lambda < x'' = 1 < -\lambda. \end{cases}$
− 1	+	−	+	..	Les nombres $$-\infty \quad \lambda \quad -\lambda$$ séparent les racines, et l'on a $$-\infty < x' < \lambda < x'' < -\lambda.$$
0	....			......	$\begin{cases} x'' = \lambda = -\lambda = 0. \end{cases}$
	+	+	−	−	Les nombres $$-\infty \quad -\lambda \quad \lambda$$ séparent les racines, et l'on a $$-\infty < x' < -\lambda < x'' < \lambda.$$
1					$\begin{cases} x' = x'' = -1 = -\lambda. \end{cases}$
					Les racines sont imaginaires.
+ ∞					

Conséquences : Lorsque λ reçoit une valeur inférieure ou égale à − 3, le système admet deux solutions, qui sont les racines x' et x'' de l'équation.

Lorsqu'on donne à λ une valeur supérieure à − 3 et inférieure ou égale à 1, le système n'admet plus qu'une solution, qui est x'', la plus grande des racines de l'équation.

Enfin, lorsque λ est supérieur à 1, le système n'a pas de solution.

V. Soit le système

$$x^2 - 2(\lambda - 1)x - \lambda = 0, \qquad (1)$$

$$x^2 - 2\lambda x + 1 \geqslant 0, \qquad (2)$$

$$x + 2 \geqslant 0, \qquad (3)$$

dans lequel λ peut recevoir une valeur quelconque.

Posons
$$F(x) = x^2 - 2(\lambda - 1)x - \lambda,$$
$$f(x) = x^2 - 2\lambda x + 1.$$

L'application de la méthode que nous avons exposée nécessite la résolution du système des relations (2) et (3) et la comparaison aux racines de l'équation (1) des limites des intervalles que fournit cette résolution.

Résolution du système

$$x^2 - 2\lambda x + 1 \geqslant 0, \qquad (2)$$

$$x + 2 \geqslant 0. \qquad (3)$$

Le premier membre $f(x)$ de la relation (2) a pour réalisant

$$\lambda^2 - 1 = (\lambda + 1)(\lambda - 1).$$

Ce réalisant peut être positif, nul ou négatif. L'équation

$$f(x) = 0$$

peut donc avoir ses racines réelles et inégales, ou réelles et égales, ou enfin imaginaires.

Lorsqu'elles sont réelles, je les désigne par α et β $(\alpha \leqslant \beta)$.

Le premier membre de la relation (3) est une fonction du premier degré qui s'annule pour la valeur -2.

Il est indispensable de classer les nombres

$$-2, \quad \alpha, \quad \beta.$$

Nous procédons comme au numéro 139.

1° $$f(-2) = 5 + 4\lambda = 4\left(\lambda + \frac{5}{4}\right).$$

2° La demi-somme $\dfrac{\alpha + \beta}{2}$ étant λ, on aura

$$-2 \gtrless \frac{\alpha + \beta}{2},$$

si l'on a $$\lambda \lessgtr -2,$$

avec correspondance des signes d'inégalité.

De là résulte le classement des nombres — 2, α, β, puis la résolution du système (2), (3).

Nous avons

λ	ρ	$f(-2)$	$f(\pm\infty)$	CLASSEMENT DE −2, α, β	FORMES DES RELATIONS	SOLUTIONS DU SYSTÈME (2), (3)
$-\infty$ -2	$+$	$-$	$+$	$\alpha < -2 < \beta$	$(x-\alpha)(x-\beta) \geqq 0$ $x+2 \geqq 0$	$\beta \leqq x \leqq +\infty$
$-\frac{5}{4}$	$+$			$\alpha = -2 \quad \beta = -\frac{1}{2}$	$(x+2)(x+\frac{1}{2}) \geqq 0$ $x+2 \geqq 0$	$-\frac{1}{2} \leqq x \leqq +\infty$
	$+$	$+$	$+$	$-2 < \alpha < \beta$	$(x-\alpha)(x-\beta) \geqq 0$ $x+2 \geqq 0$	$\alpha \leqq x \leqq \beta$ $\beta \leqq x \leqq +\infty$
-1	$+$	$+$	$-$	$\alpha = \beta = -1$	$(x+1)^2 \geqq 0$ $x+2 \geqq 0$	$-2 \leqq x \leqq +\infty$
				Les racines de l'équation $f(x)=0$ sont imaginaires.	$(M^2+N^2) \geqq 0$ $(x+2) \geqq 0$	$-2 \leqq x \leqq +\infty$
$+1$	$-$			$\alpha = \beta = 1$	$(x-1)^2 \geqq 0$ $x+2 \geqq 0$	$-2 \leqq x \leqq +\infty$
$+\infty$	$+$	$+$	$+$	$-2 < \alpha < \beta$	$(x-\alpha)(x-\beta) \geqq 0$ $x+2 \geqq 0$	$-2 \leqq x \leqq \alpha$ $\beta \leqq x \leqq +\infty$

Comparaison aux racines de l'équation (1) *des limites*

$$\alpha, \qquad \beta, \qquad -2$$

des intervalles obtenus.

Le réalisant de l'équation (1) est

$$(\lambda - 1)^2 + \lambda = \lambda^2 - \lambda + 1.$$

C'est une fonction du second degré en λ dont le réalisant est négatif. Cette fonction est, par suite, du signe de son premier terme, c'est-à-dire positive.

L'équation (1) a donc ses racines réelles et inégales; je les représente par x' et x'' ($x' < x''$).

Le classement de

$$x', \qquad x'', \qquad \alpha, \qquad \beta$$

se fait en appliquant la méthode exposée au n° 162.

Je me borne à indiquer la suite des calculs:

1° *Élimination de* x^2.

$$F(x) = x^2 - 2(\lambda - 1)x - \lambda$$

$$f(x) = x^2 - 2\lambda x + 1$$

$$F(x) - f(x) = 2x - (\lambda + 1) = 2\left(x - \frac{\lambda + 1}{2}\right).$$

2° *Classement auxiliaire des valeurs* $\dfrac{\lambda + 1}{2}$, $\qquad \alpha, \qquad \beta$.

$$f\left(\frac{\lambda + 1}{2}\right) = -\frac{3}{4}\left(\lambda + \frac{5}{3}\right)(\lambda - 1).$$

De plus, on a

$$\frac{\lambda + 1}{2} \gtrless \frac{\alpha + \beta}{2},$$

si l'on a

$$\lambda \lessgtr 1.$$

Les résultats sont :

λ	$f\left(\frac{\lambda+1}{2}\right)$	$f(\pm\infty)$	RÉSULTATS DU CLASSEMENT AUXILIAIRE
$-\infty$	$-$	$+$	$\alpha < \dfrac{\lambda+1}{2} < \beta$
$-\dfrac{5}{3}$	$\cdots\cdots$	$-$	$\alpha < \dfrac{\lambda+1}{2} = \beta$
	$+$	$+$	$\alpha < \beta < \dfrac{\lambda+1}{2}$
-1			$\alpha = \beta < \dfrac{\lambda+1}{2}$
			Les racines de l'équation $f(x) = 0$ sont imaginaires.
$+1$			$\alpha = \beta = \dfrac{\lambda+1}{2}$
$+\infty$	$-$	$+$	$\alpha < \dfrac{\lambda+1}{2} < \beta$

3° *Détermination des signes de* $F(\alpha)$ *et* $F(\beta)$, *puis classement des valeurs*
$$x',\quad x'',\quad \alpha,\quad \beta.$$

λ	$F(\alpha)$	$F(\beta)$	$F(\pm\infty)$	CLASSEMENT
$-\infty$	$-$	$+$	$+$	$x' < \alpha < x'' < \beta$
$-\dfrac{5}{3}$	$\cdots\cdots$	$-\begin{cases}0\end{cases}$	$+$	$x' < \alpha < x'' = \beta$
	$-$	$-$	$+$	$x' < \alpha < \beta < x''$
-1				$x' < \alpha = \beta = -1 < x''$
				$x' < x''$
$+1$	$-\begin{cases}0\end{cases}$	0	$+$	$-1 = x' < \alpha = \beta = x'' = 1$
$+\infty$	$-$	$+$	$+$	$x' < \alpha < x'' < \beta$

Il ne nous reste plus qu'à comparer -2 aux racines x' et x''. Or,

$$F(-2) = 3\lambda,$$

et l'on a

$$-2 \gtrless \frac{x' + x''}{2},$$

si

$$\lambda \lessgtr -1.$$

Donc :

λ	$F(-2)$	$F(\pm\infty)$	CLASSEMENT
$-\infty$			
-1	$-$	$+$	$x' < -2 < x''$
0		$\cdots\cdots$	$\{ \quad x' = -2 < x''$
$+\infty$	$+$	$+$	$-2 < x' < x''$

Conséquence : *Classement des valeurs*

$$\mathbf{x'}, \quad \mathbf{x''}, \quad \alpha, \quad \beta, \quad -2.$$

Le classement de -2 avec α et β ayant été fait dans la résolution du système (2), (3), nous avons :

λ	CLASSEMENT
$-\infty$	
	$x' < \alpha < -2 < x'' < \beta$
$-\dfrac{5}{3}$	$\{ \quad x' < \alpha < -2 < x'' = \beta$
	$x' < \alpha < -2 < \beta < x''$
$-\dfrac{5}{4}$	$\{ \quad x' < \alpha = -2 < \beta < x''$
	$x' < -2 < \alpha < \beta < x''$
-1	$\{ \quad x' < -2 < \alpha = \beta = -1 < x''$
	$x' < -2 < x''$
0	$\{ \quad x' = -2 < x''$
	$-2 < x' < x''$
$+1$	$\{ \quad -2 < -1 = x' < \alpha = \beta = 1 = x''$
	$-2 < x' < \alpha < x'' < \beta$
$+\infty$	

9

Conclusions.

λ	SOLUTIONS DU SYSTÈME (2), (3)	CLASSEMENT DES VALEURS x', x'', α, β, -2	SOLUTIONS DU SYSTÈME PROPOSÉ
$-\infty$	$\beta \leqslant x \leqslant +\infty$	$x' < \alpha < -2 < x'' < \beta$	Pas de solution
$-\dfrac{5}{3}$	$\beta \leqslant x \leqslant +\infty$	$x' < \alpha < -2 < x'' = \beta$	Une solution : $x'' = \beta$
	$\beta \leqslant x \leqslant +\infty$	$x' < \alpha < -2 < \beta < x''$	
$-\dfrac{5}{4}$	$-2 = x$; $\beta \leqslant x \leqslant +\infty$	$x' < \alpha = -2 < \beta < x''$	
	$-2 \leqslant x \leqslant \alpha$; $\beta \leqslant x \leqslant +\infty$	$x' < -2 < \alpha < \beta < x''$	Une solution : x''
-1	$-2 \leqslant x \leqslant +\infty$	$x' < -2 < \alpha = \beta = -1 < x''$	
	$-2 \leqslant x \leqslant +\infty$	$x' < -2 < x''$	
0	$-2 \leqslant x \leqslant +\infty$	$x' = -2 < x''$	Deux solutions : $x' = -2$ et x''
	$-2 \leqslant x \leqslant +\infty$	$-2 < x' < x''$	Deux solutions : x' et x''
$+1$	$-2 \leqslant x \leqslant +\infty$	$-2 < -1 = x' < \alpha = \beta = -1 = x''$	Deux solutions : $x' = -1$ $x'' = 1$
$+\infty$	$-2 \leqslant x \leqslant \alpha$; $\beta \leqslant x \leqslant +\infty$	$-2 < x' < \alpha < x'' < \beta$	Une solution : x'

RÉSOLUTION DE CERTAINES ÉQUATIONS

QUI NE SONT PAS DU SECOND DEGRÉ

---

184. Il est possible de résoudre toute équation qui fournit une équation du second degré, lorsqu'on opère sur elle comme aux n°s 37 et suivants.

Rappelons que l'équation obtenue pouvant, dans certains cas, n'être pas équivalente à la proposée, une discussion est nécessaire.

185. Soit l'équation.

$$(1) \qquad\qquad F(x) = f(x),$$

dans laquelle les fonctions $F(x)$ et $f(x)$ sont des polynômes entiers en x.

Supposons que le polynôme

$$F(x) - f(x)$$

soit une fonction du second degré.

Puisque l'équation (1) est équivalente (37) à l'équation

$$F(x) - f(x) = 0,$$

il suffira de résoudre celle-ci pour avoir les racines de la première.

Application. — L'équation

$$\begin{aligned} (a + x)(b + x)(c + x) \\ + (a - x)(b - x)(c + x) \end{aligned} \Big\} = \Big\{ \begin{aligned} (x - a)(x - b)(x - c) \\ + (x - a)(x + b)(x + c), \end{aligned}$$

qui s'écrit

$$2x^3 + 2cx^2 + 2abx + 2abc = 2x^3 - 2ax^2 + 2bcx - 2abc,$$

équivaut à l'équation du second degré

$$(a + c)x^2 + b(a - c)x + 2abc = 0.$$

Ses racines sont

$$x = \frac{-b(a-c) \pm \sqrt{b^2(a-c)^2 - 8abc(a+c)}}{2(a+c)}.$$

186. Soit l'équation

$$(1) \qquad \frac{x+a}{x-a} + \frac{x+b}{x-b} + \frac{x+c}{x-c} - 3 = 0.$$

On chasse les dénominateurs de cette équation en multipliant ses deux membres par la fonction

$$\varphi(x) = (x-a)(x-b)(x-c),$$

qui devient infinie pour $x = \infty$ et qui s'annule pour les trois valeurs a, b, c.

On obtient ainsi l'équation

$$(2) \qquad (a+b+c)x^2 - 2(ab+bc+ca)x + 3abc = 0,$$

qui peut ne pas être équivalente à la proposée. On sait en effet (46) qu'il a pu y avoir perte de la racine $x = \infty$ et introduction des racines étrangères a, b, c.

Or, l'équation (1) s'écrit

$$\frac{1 + \dfrac{a}{x}}{1 - \dfrac{a}{x}} + \frac{1 + \dfrac{b}{x}}{1 - \dfrac{b}{x}} + \frac{1 + \dfrac{c}{x}}{1 - \dfrac{c}{x}} - 3 = 0.$$

Devenant une identité pour $x = \infty$, elle admet la racine $x = \infty$. Cette racine a donc été perdue, car l'équation (2) ne l'admet pas.

D'ailleurs, il n'y a pas eu introduction de racines étrangères, puisqu'aucun des nombres a, b, c ne satisfait à l'équation (2).

Il résulte de là que l'on aura les racines de l'équation (1) en résolvant l'équation (2) et joignant aux racines trouvées la racine $x = \infty$.

187. Soit l'équation

$$\frac{x}{a} + \frac{b}{x} + \frac{b^2}{x^2} = 1 + \frac{b}{a} + \frac{b^2}{a^2}.$$

On constate facilement qu'en chassant les dénominateurs on obtient une équation équivalente, qui est

$$(x-a)[a x^2 - b(a+b)x - ab^2] = 0,$$

et qui se décompose en deux autres :

$$x - a = 0,$$

$$ax^2 - b(a + b)x - ab^2 = 0,$$

que l'on sait résoudre.

L'équation proposée a donc trois racines :

$$x = a,$$

$$x = \frac{b(a + b) \pm \sqrt{b^2(a + b)^2 + 4a^2b^2}}{2a}.$$

188. Soit l'équation

(1) $$x - \sqrt{2x - 3} = 3.$$

Cette équation équivaut à

(2) $$x - 3 = \sqrt{2x - 3}.$$

Élevons les deux membres de l'équation (2) au carré. Nous obtenons une équation équivalente à la suivante :

(3) $$x^2 - 8x + 12 = 0.$$

On sait (49) que toute racine de l'équation (2) et, par suite, de l'équation (1), est racine de l'équation (3); mais la réciproque peut ne pas être vraie.

On résoudra donc l'équation (1) en cherchant les racines de l'équation (3) et conservant toute racine qui satisfera à la première.

L'équation (3) admet les deux racines 2 et 6. En remplaçant, dans l'équation (1), x successivement par 2 et par 6, on constate que le premier nombre ne satisfait pas à cette équation; mais que le second convient. Par conséquent, l'équation (1) admet la racine unique

$$x = 6.$$

189. REMARQUE. — Au lieu de résoudre tout d'abord l'équation (3) et de substituer ses racines dans l'équation (1), on aurait pu procéder de la façon suivante :

Puisque l'équation (3) est équivalente (49) à l'ensemble des équations

(4)
$$x - 3 = + \sqrt{2x - 3},$$
$$x - 3 = - \sqrt{2x - 3},$$

toute racine de l'équation (3) est une racine de l'une des équations (4), et, si l'on remplace dans ces équations x par l'une quelconque des racines de l'équation (3), l'une de ces équations devient une identité.

En formant le réalisant de l'équation (3), on voit que les racines de cette équation sont réelles. La substitution dont nous venons de parler donne donc à $x — 3$ une valeur réelle, et le second membre de celle des équations (4) qui devient une identité, prend nécessairement une valeur réelle.

Il résulte de là que le radical $\sqrt{2x — 3}$ est rendu réel par chacune des racines de l'équation (3).

D'ailleurs, si la racine substituée convient à la première des équations (4), comme elle rend le second membre positif, il faut qu'elle rende $x — 3$ positif; si cette racine convient à la seconde, elle rend $x — 3$ négatif.

Par conséquent, pour qu'une racine de l'équation (3) satisfasse à l'équation (1), il faut et il suffit qu'elle soit une solution de l'inéquation

$$x — 3 > 0,$$

et la résolution de l'équation (1) est ramenée à celle du système

$$\begin{cases} f(x) = x^2 — 8x + 12 = 0, \\ x — 3 > 0. \end{cases}$$

Pour résoudre ce système (180) nous formons $f(3)$; nous trouvons

$$f(3) = — 3,$$

ce qui prouve que 3 est compris entre les racines de l'équation

$$f(x) = 0.$$

La plus grande racine convient donc seule à l'inéquation, et l'équation proposée a une solution unique :

$$x — 4 + \sqrt{4} = 6.$$

190. REMARQUE. — Appliquée à l'équation précédente, cette méthode a pu sembler moins avantageuse que la vérification directe employée tout d'abord; mais lorsque l'équation a des coefficients littéraux, elle est le plus souvent préférable.

191. Soit l'équation

$$(1) \qquad x + \sqrt{a(2x - a)} = 3a,$$

dans laquelle on suppose a quelconque.

Considérons l'équation équivalente

$$(2) \qquad x - 3a = - \sqrt{a(2x - a)}$$

et élevons au carré. Nous trouvons une équation qui équivaut à

$$(3) \qquad x^2 - 8ax + 10a^2 = 0.$$

L'équation (3) ayant ses racines réelles, on peut répéter le raisonnement du n° 189, et la résolution de l'équation (1) se ramène à celle du système

$$(4) \qquad \begin{cases} f(x) = x^2 - 8ax + 10a^2 = 0, \\ x - 3a < 0. \end{cases}$$

Or,

$$f(3a) = - 5a^2.$$

$f(3a)$ et le coefficient de x^2 sont de signes contraires. $3a$ est compris entre les racines de l'équation (3). La plus petite racine de cette équation satisfait seule au système (4).

Il s'ensuit que l'équation (1) a une seule racine, qui est

et

$$x = a(4 - \sqrt{6}), \qquad \text{si} \qquad a > 0,$$

$$x = a(4 + \sqrt{6}), \qquad \text{si} \qquad a < 0.$$

Remarque. — Agissons comme au n° 188, c'est-à-dire essayons la vérification directe.

Les racines de l'équation (3) sont

$$x' = a(4 - \sqrt{6}), \qquad x'' = a(4 + \sqrt{6}).$$

Si l'on substitue x' dans le premier membre de l'équation (1), on trouve

$$a(4 - \sqrt{6}) + \sqrt{a^2(7 - 2\sqrt{6})}.$$

Le radical $\sqrt{a^2(7 - 2\sqrt{6})}$ étant, par définition, une quantité positive, ce radical est égal à

et à

$$+ a\sqrt{7 - 2\sqrt{6}}, \qquad \text{si} \qquad a > 0,$$

$$- a\sqrt{7 - 2\sqrt{6}}, \qquad \text{si} \qquad a < 0.$$

Dans le premier cas, le résultat de la substitution est

$$a\left[4 - \sqrt{6} + \sqrt{7 - 2\sqrt{6}}\right].$$

Dans le second, il est

$$a\left[4 - \sqrt{6} - \sqrt{7 - 2\sqrt{6}}\right].$$

Or,

$$7 - 2\sqrt{6} = 6 + 1 - 2\sqrt{6} = (\sqrt{6} - 1)^2,$$

d'où

$$\sqrt{7 - 2\sqrt{6}} = \sqrt{6} - 1.$$

Par conséquent, si a est positif, le premier membre de l'équation (1) devient $3a$, et la racine x' convient; si a est négatif, le premier membre de l'équation (1) devient $a(5 - 2\sqrt{6})$, et la racine x' ne convient pas.

La substitution de x'' donnerait lieu à des calculs analogues que nous ne ferons pas; bornons-nous à constater que la précédente méthode est certainement plus avantageuse.

192. Soit l'équation

$$(1) \qquad \sqrt{1 + x + x^2} = \frac{3}{2} - \sqrt{1 - x + x^2}.$$

Élevons ses deux membres au carré et simplifions. Nous trouvons

$$2x - \frac{9}{4} = - 3\sqrt{1 - x + x^2},$$

d'où, après une seconde élévation au carré,

$$(2) \qquad 5x^2 + \frac{63}{16} = 0.$$

Cette équation a ses racines imaginaires. L'équation (1) ne pouvant pas admettre (49) de racines autres que celles de l'équation (2), n'a donc pas de racines réelles.

193. Soit l'équation

$$\sqrt{\frac{a-x}{x-b}} - \sqrt{\frac{x-b}{a-x}} = 1,$$

dans laquelle nous supposons $a \neq b$.

Elevons ses deux membres au carré. Nous obtenons l'équation

$$\frac{a-x}{x-b} + \frac{x-b}{a-x} - 2 = 1,$$

qui équivaut à

(2) $$\frac{a-x}{x-b} + \frac{x-b}{a-x} - 3 = 0.$$

Chassons les dénominateurs de cette équation. En raisonnant comme au numéro 186, nous constatons que l'opération n'entraîne la perte d'aucune racine, ni l'introduction de racines étrangères. L'équation

(3) $$f(x) = 5x^2 - 5(a+b)x + a^2 + b^2 + 3ab = 0,$$

obtenue après simplification, est donc équivalente à l'équation (2), et toute racine de l'équation (1) qui est (49) une racine de l'équation (2), est encore une racine de l'équation (3).

Pour résoudre l'équation (1), il suffira donc de résoudre l'équation (3) et de choisir parmi les racines celles qui satisfont à l'équation (1).

Le réalisant de l'équation (3) est

$$5(a-b)^2;$$

il est positif; les racines x' et x'' de l'équation (3) sont réelles. Par suite, lorsqu'on remplacera, dans l'équation (1), x par l'une ou l'autre de ces racines, les fonctions

$$\frac{a-x}{x-b} \qquad \text{et} \qquad \frac{x-b}{a-x}$$

prendront des valeurs réelles.

Cherchons quels seront les signes de ces valeurs. Pour cela, comparons a et b aux racines de l'équation (3).

$$f(a) = (a-b)^2.$$
$$f(b) = (a-b)^2.$$
$$f(\pm\infty) = +\infty.$$

Les racines sont (131) dans celui des intervalles

$$
\begin{array}{ccccc}
& -\infty & a & b & +\infty \\
\text{ou bien} & -\infty & b & a & +\infty
\end{array}
$$

qui contient leur demi-somme $\dfrac{a+b}{2}$. Ce nombre étant compris entre a et b, les deux racines de l'équation (3) sont comprises entre a et b.

Les fractions

$$
\frac{a-x}{x-b}, \qquad \frac{x-b}{a-x}
$$

prendront donc des valeurs positives quand on remplacera x soit par x', soit par x''.

Ceci posé, remarquons (49) que l'équation (3) est équivalente à l'ensemble des deux équations

$$
\sqrt{\frac{a-x}{x-b}} - \sqrt{\frac{x-b}{a-x}} = +1,
$$

$$
\sqrt{\frac{a-x}{x-b}} - \sqrt{\frac{x-b}{a-x}} = -1.
$$

Il s'ensuit que la substitution de l'un quelconque des nombres x' et x'' transformera l'une de ces équations en identité et rendra la différence

$$
\sqrt{\frac{a-x}{x-b}} - \sqrt{\frac{x-b}{a-x}}
$$

positive ou négative selon que la racine substituée conviendra à la première équation ou à la seconde.

En conséquence, pour qu'une racine de l'équation (5) satisfasse à l'équation (1), il faut et il suffit qu'elle rende positive la différence précédente; en d'autres termes, qu'elle rende

$$
\sqrt{\frac{a-x}{x-b}} \qquad \text{supérieur à} \qquad \sqrt{\frac{x-b}{a-x}},
$$

c'est-à-dire qu'elle satisfasse à l'inéquation

$$
\frac{a-x}{x-b} > \frac{x-b}{a-x},
$$

puisque les quantités considérées sont positives.

Ainsi, la résolution de l'équation (1) revient à celle du système

$$\begin{cases} f(x) = 5x^2 - 5(a+b)x + a^2 + b^2 + 3ab = 0, & (3) \\ \dfrac{a-x}{x-b} > \dfrac{x-b}{a-x}. & (4) \end{cases}$$

Résolvons.

L'inéquation (4) équivaut aux suivantes :

$$\frac{a-x}{x-b} - \frac{x-b}{a-x} > 0,$$

$$\frac{(a-x)^2 - (x-b)^2}{(x-b)(a-x)} > 0,$$

$$\frac{(a-b)(a+b-2x)}{(x-b)(a-x)} > 0,$$

(5)
$$\frac{(a-b)\left(x - \dfrac{a+b}{2}\right)}{(x-b)(x-a)} > 0.$$

Nous avons vu précédemment que x' et x'' sont compris entre a et b. Le dénominateur du premier membre de l'inéquation (5) devient donc négatif quand on y substitue x' ou x''. D'ailleurs, si l'on suppose $x' < x''$, comme $\dfrac{x' + x''}{2} = \dfrac{a+b}{2}$, on a

$$x' < \frac{a+b}{2} < x'',$$

d'où

$$x' - \frac{a+b}{2} < 0 \quad \text{et} \quad x'' - \frac{a+b}{2} > 0.$$

Conséquence : Il n'y aura jamais qu'un des nombres x' ou x'' qui satisfera à l'équation (1).

Ce sera x', si $a - b > 0$.
Ce sera x'', si $a - b < 0$.

Les racines de l'équation (3) étant données par

$$x = \frac{5(a+b) \pm (a-b)\sqrt{5}}{10},$$

lorsque $a - b$ est positif, la plus petite racine est

$$x' = \frac{5(a+b) - (a-b)\sqrt{5}}{10};$$

lorsque $a - b$ est négatif, la plus grande racine est

$$x'' = \frac{5(a + b) - (a - b)\sqrt{5}}{10}.$$

Par conséquent, quel que soit le signe de $a - b$, l'équation (1) a une racine unique, qui est

$$x = \frac{5(a + b) - (a - b)\sqrt{5}}{10}.$$

Remarque. — Par la vérification directe, on arriverait naturellement aux mêmes résultats.

DE L'ÉQUATION BICARRÉE

ET DES INÉQUATIONS BICARRÉES

194. *Définition.* — Un polynôme F(x), entier en x et du quatrième degré, est dit *bicarré*, lorsqu'il ne contient pas de termes du premier ni du troisième degré.

Un polynôme bicarré est donc de la forme

$$ax^4 + bx^2 + c.$$

Le coefficient a est différent de zéro; les autres peuvent être nuls. Par analogie, F(x) étant une fonction bicarrée, l'équation

$$F(x) = 0$$

et les inéquations

$$F(x) > 0, \qquad F(x) < 0,$$

sont dites équation et inéquations *bicarrées*.

RÉSOLUTION DE L'ÉQUATION BICARRÉE

195. Soit l'équation

(1) $$ax^4 + bx^2 + c = 0.$$

Considérons l'équation du second degré

(2) $$ay^2 + by + c = 0,$$

obtenue en remplaçant x^2 par y, et supposons $c \neq 0$, ce qui revient à admettre que les équations (1) et (2) n'ont pas de racines nulles.

Il est évident que si un nombre α est une racine de l'équation (1), son carré est une *racine positive* de l'équation (2), et qu'inversement, si β est une *racine positive* de l'équation (2), ses deux racines carrées algébriques sont des racines de l'équation (1). Par conséquent, on aura les racines de l'équation (1) en cherchant les racines positives de l'équation (2) et prenant leurs racines carrées algébriques.

Conséquences :

1° Si l'équation (2) a ses racines imaginaires, ou ses racines réelles, mais négatives, l'équation (1) n'a pas de racine.

2° Si l'équation (2) a une racine positive et une racine négative, ou deux racines positives, mais égales, ce qui en réalité ne fait qu'une racine positive, l'équation (1) a deux racines, qui sont les racines carrées algébriques de cette racine positive.

3° Enfin, si l'équation (2) a ses racines positives et inégales, l'équation (1) a quatre racines, qui sont les racines carrées algébriques de ces racines.

196. REMARQUE. — Dans l'hypothèse $c \neq 0$, l'équation bicarrée a zéro, deux ou quatre racines.

Lorsqu'elle a des racines, ces racines sont deux à deux de même valeur absolue et de signes contraires.

197. REMARQUE. — Les racines de l'équation (2) étant représentées par

$$y = \frac{-b \pm \sqrt{b^2 - 4ac}}{2a},$$

celles de l'équation (1) seront données par la formule

$$(3) \qquad x = \pm \sqrt{\frac{-b \pm \sqrt{b^2 - 4ac}}{2a}},$$

dans laquelle il faut associer les signes des quatre manières possibles.

198. REMARQUE. — Lorsque les racines de l'équation (2) sont égales, ce qui correspond à

$$b^2 - 4ac = 0,$$

les quatre valeurs que fournit la formule (3) se réduisent aux deux suivantes :

$$x = \pm \sqrt{-\frac{b}{2a}},$$

ainsi que cela devait être, puisque, dans ce cas, l'équation (1) n'a que deux racines.

Pour la commodité du langage, on dit que l'équation (1) a encore quatre racines, mais égales deux à deux.

199. REMARQUE. — Lorsqu'une des racines ou les deux racines de l'équation (2) sont négatives, les expressions correspondantes dans la formule (3) sont imaginaires.

Quand les racines de l'équation (2) sont imaginaires, bien qu'on n'ait plus, *en apparence du moins*, des expressions de la même forme, on dit cependant encore que les quatre valeurs que donne la formule (3) sont imaginaires.

Il résulte de là que l'équation (1), tout au moins dans l'hypothèse $c \neq 0$, a toujours quatre racines. Ces racines sont réelles ou imaginaires. Le nombre des racines imaginaires est quatre, deux ou zéro.

200. Examinons maintenant le cas où $c = 0$.

L'équation (1) s'écrit
$$ax^4 + bx^2 = 0$$
ou bien
$$x^2(ax^2 + b) = 0.$$

En raisonnant comme nous l'avons fait au n° 91, on voit qu'elle se décompose dans les deux suivantes :
$$x^2 = 0,$$
$$ax^2 + b = 0.$$

Ce sont deux équations du second degré. La première a deux racines nulles ; la seconde a deux racines réelles ou imaginaires.

L'équation proposée a donc encore quatre racines réelles ou imaginaires. Deux des racines sont égales entre elles et égales à zéro. S'il y a une racine imaginaire, il y en a deux.

Remarquons que si $b = 0$, les quatre racines sont égales entre elles et égales à zéro.

201. REMARQUE. — On constate sans peine, et c'est évident *a priori*, que les formules (3) conviennent encore au cas où $c = 0$.

202. REMARQUE. — La nature des racines de l'équation dépend de celle des racines de l'équation (2), c'est-à-dire du signe de $b^2 - 4ac$.

Lorsque ces dernières racines sont réelles, elle dépend aussi de leurs signes, c'est-à-dire des signes des quantités

$$\frac{c}{a} \quad \text{et} \quad -\frac{b}{a}.$$

203. Remarque. — Le tableau suivant résume tous les résultats.

$b^2 - 4ac > 0$	$\dfrac{c}{a} > 0$	$-\dfrac{b}{a} > 0$	Les quatre racines sont réelles. Elles sont deux à deux de même valeur absolue et de signes contraires.
		$-\dfrac{b}{a} < 0$	Les quatre racines sont imaginaires.
	$\dfrac{c}{a} = 0$ Deux racines sont nulles	$-\dfrac{b}{a} > 0$	Les deux autres racines sont réelles, de même valeur absolue et de signes contraires.
		$-\dfrac{b}{a} < 0$	Les deux autres racines sont imaginaires.
	$\dfrac{c}{a} < 0$		Deux racines sont réelles, de même valeur absolue et de signes contraires. Les deux autres racines sont imaginaires.
$b^2 - 4ac = 0$	$c \neq 0$	$-\dfrac{b}{2a} > 0$	Les quatre racines sont réelles et égales deux à deux. Les valeurs absolues sont les mêmes; les signes sont contraires.
		$-\dfrac{b}{2a} < 0$	Les quatre racines sont imaginaires; mais représentées seulement par deux expressions différentes.
	$c = 0$		On a nécessairement $b = 0$. Les quatre racines sont nulles.
$b^2 - 4ac < 0$			Les quatre racines sont imaginaires.

204. Remarque. — Pour que les quatre racines de l'équation bicarrée soient réelles et distinctes, il faut et il suffit que l'on ait simultanément

$$b^2 - 4ac > 0, \qquad \frac{c}{a} > 0, \qquad -\frac{b}{a} > 0,$$

ou encore, puisque, par hypothèse, a est différent de zéro,

$$b^2 - 4ac > 0, \qquad ac > 0, \qquad -ab > 0.$$

Pour qu'elles soient réelles, *sans autre condition*, il faut et il suffit que l'on ait

$$b^2 - 4ac \geqslant 0, \qquad ac \geqslant 0, \qquad -ab \geqslant 0.$$

Enfin, pour que deux des racines soient réelles et distinctes et que les deux autres soient imaginaires, il faut et il suffit que l'on ait

$$\frac{c}{a} < 0$$

ou bien

$$ac < 0,$$

car cette condition entraîne la suivante :

$$b^2 - 4ac > 0.$$

205. Remarque. — L'équation bicarrée a trois réalisants :

$$b^2 - 4ac, \qquad ac, \qquad - ab.$$

Nous les considérerons toujours dans l'ordre précédent et nous leur attribuerons les numéros (1), (2), (3).

206. Applications :

1° Résoudre l'équation

$$- x^4 + 13x^2 - 36 = 0.$$

On a

$$a = - 1, \qquad b = 13, \qquad c = - 36.$$

Les formules (3) donnent

$$x = \pm \sqrt{\frac{- 13 \pm \sqrt{13^2 - 4 \times 36}}{- 2}},$$

d'où

$$x = \pm \sqrt{\frac{- 13 \pm \sqrt{25}}{- 2}},$$

$$x = \pm \sqrt{\frac{- 13 \pm 5}{- 2}},$$

et enfin

$$x_1 = - 2, \qquad x_2 = - 3, \qquad x_3 = + 2, \qquad x_4 = + 3.$$

Nous trouvons quatre racines réelles et distinctes, comme il était facile de le constater *a priori* (204).

2° Résoudre l'équation

$$2x^4 + x^2 - 1 = 0.$$

On a

$$a = 2, \qquad b = 1, \qquad c = - 1.$$

Le produit ac étant négatif, l'équation a deux racines réelles et distinctes et deux racines imaginaires Il n'y a lieu de calculer que les racines réelles, qui sont fournies par la racine positive de l'équation

$$2y^2 + y - 1 = 0.$$

Elles sont

$$x = \pm \sqrt{\frac{-1 + \sqrt{1+8}}{4}},$$

d'où

$$x_1 = -\frac{1}{\sqrt{2}}, \qquad x_2 = +\frac{1}{\sqrt{2}}.$$

207. APPLICATION. — *Discuter les racines de l'équation*

$$x^4 + x^2[2\lambda(\lambda - b) - a^2] + \lambda^2[(\lambda - b)^2 - a^2] = 0;$$

a et b sont des nombres positifs donnés; λ peut recevoir une valeur quelconque depuis $-\infty$ jusqu'à $+\infty$.

Calculs préliminaires.

Calcul du premier réalisant.

$$\rho_1 = [2\lambda(\lambda - b) - a^2]^2 - 4\lambda^2 [(\lambda - b)^2 - a^2],$$

$$\rho_1 = 4a^2 b\left(\lambda + \frac{a^2}{4b}\right).$$

Calcul du second réalisant.

$$\rho_2 = \lambda^2[(\lambda - b)^2 - a^2],$$

$$\rho_2 = \lambda^2[\lambda - (b - a)][\lambda - (b + a)].$$

Calcul du troisième réalisant.

$$\rho_3 = -(2\lambda^2 - 2b\lambda - a^2).$$

C'est une fonction du second degré en λ dont le réalisant est positif. Si l'on désigne par λ' et λ'' $(\lambda' < \lambda'')$ les racines de l'équation

$$\varphi(\lambda) = 2\lambda^2 - 2b\lambda - a^2 = 0,$$

on a

$$\rho_3 = -2(\lambda - \lambda')(\lambda - \lambda'').$$

Ces différents calculs montrent que les signes des trois quantités ρ_1, ρ_2, ρ_3 dépendent de la grandeur de λ par rapport aux valeurs remarquables

$$-\frac{a^2}{4b}, \qquad b - a, \qquad b + a, \qquad \lambda', \qquad \lambda''.$$

Classons ces valeurs

1° On a

$$-\frac{a^2}{4b} \leqslant b - a,$$

car, b étant positif, cette relation est équivalente à la suivante :

$$- a^2 - 4b^2 + 4ab \leqslant 0,$$
$$- (a - 2b)^2 \leqslant 0.$$

2° a et b étant positifs, on a évidemment

$$b - a < b + a.$$

3° Il reste à comparer à λ' et λ'' les trois valeurs remarquables

$$-\frac{a^2}{4b}, \qquad b - a, \qquad b + a.$$

J'applique la méthode 139.

$$\varphi\left(-\frac{a^2}{4b}\right) = \frac{a^2}{8b^2}(a - 2b)(a + 2b).$$
$$\varphi(b - a) = a(a - 2b).$$
$$\varphi(b + a) = a(a + 2b).$$

La demi-somme $\dfrac{\lambda' + \lambda''}{2}$ est égale à $\dfrac{b}{2}$. Puisque a et b sont positifs, on voit immédiatement que

$$-\frac{a^2}{4b} < \frac{\lambda' + \lambda''}{2} \qquad \text{et que} \qquad b + a > \frac{\lambda' + \lambda''}{2}.$$

De plus, on a

$$b - a \gtrless \frac{\lambda' + \lambda''}{2},$$

si l'on a

$$b - 2a \gtrless 0,$$

ou

$$a - \frac{b}{2} \lessgtr 0,$$

avec correspondance des signes d'inégalité.

Il y a donc pour a trois valeurs remarquables :

$$- 2b, \qquad \frac{b}{2}, \qquad 2b.$$

Je laisse de côté la première, qui est négative et que je n'ai pas à considérer, puisque a est supposé positif.

J'ai alors le tableau suivant :

a	$\varphi\left(-\dfrac{a^2}{4b}\right)$	$\varphi(b-a)$	$\varphi(b+a)$	$\varphi(\pm\infty)$	CLASSEMENT
0	$-$	$-$	$+$	$+$	$-\dfrac{a^2}{4b}$ et $b-a$ sont compris entre λ' et λ''. $b+a$ est extérieur à l'intervalle (λ',λ''), et, puisque $b+a$ est supérieur à $b-a$, $b+a$ est supérieur à λ' et λ''. On a donc $\lambda' < -\dfrac{a^2}{4b} < b-a < \lambda'' < b+a.$
$\dfrac{b}{2}$					$-\dfrac{a^2}{4b}=b-a.$ Ces deux quantités sont égales à une racine de l'équation $\varphi(\lambda)=0.$ $b+a$ est extérieur à l'intervalle (λ',λ''). Comme $b+a$ est supérieur à $b-a$, $b+a$ est supérieur à λ' et λ'', et l'on a $-\dfrac{a^2}{4b}=b-a=\lambda' < \lambda'' < b+a.$
$2b$		$+$	$+$	$+$	λ' et λ'' sont dans celui des intervalles $-\infty \quad -\dfrac{a^2}{4b} \quad b-a \quad b+a \quad +\infty$ qui contient leur demi-somme. Or, on a $b-a < \dfrac{\lambda'+\lambda''}{2} < b+a.$ Donc $-\dfrac{a^2}{4b} < b-a < \lambda' < \lambda'' < b+a.$
$+\infty$	$+$	$+$	$+$	$+$	

Conclusions.

Nous pouvons maintenant répondre à la question posée. Nous distinguerons trois cas, selon que l'on aura

$$a \begin{cases} < 2b \\ = 2b \\ > 2b. \end{cases}$$

1° $$a < 2b.$$

λ	ρ_1	ρ_2	ρ_3	CONCLUSIONS
$-\infty$	—	»	»	
λ'	....	....	....	Les quatre racines de l'équation sont imaginaires.
	—	»	»	
$-\dfrac{a^2}{4b}$	$\begin{cases} + \\ + \end{cases}$	+	+	$\rho_1 = 0 \begin{cases} \text{Les quatre racines sont réelles et égales} \\ \text{deux à deux. Les valeurs absolues sont les} \\ \text{mêmes; les signes sont contraires.} \end{cases}$
	+	+	+	Les quatre racines de l'équation sont réelles, deux à deux de même valeur absolue et de signes contraires.
$b-a$	....	**——**	....	$-\rho_2 = 0 \begin{cases} \text{Deux racines sont nulles. Les deux} \\ \text{autres sont réelles, de même valeur} \\ \text{absolue et de signes contraires.} \end{cases}$
	+	—	+	
λ''	....	....	**——**	Deux racines de l'équation sont réelles, de même valeur absolue et de signes contraires. Les deux autres racines sont imaginaires.
	+	—	—	
$b+a$	....	**——**	....	$-\rho_2 = 0 \begin{cases} \text{Deux racines sont nulles.} \\ \text{Les deux autres sont imaginaires.} \end{cases}$
	+	+	—	Les quatre racines sont imaginaires.
$+\infty$				

Remarque. — ρ_2 contient λ^2 en facteur. ρ_2 s'annule donc pour $\lambda = 0$. Or, zéro se place entre $-\dfrac{a^2}{4b}$ et λ''. Par conséquent, si l'on a

$$0 < b - a,$$

zéro se place dans l'intervalle pour lequel l'équation a quatre racines réelles. Quand λ passe par zéro, deux des racines deviennent nulles.

Si l'on a

$$0 > b - a,$$

zéro se place dans l'intervalle pour lequel l'équation a deux racines réelles et deux imaginaires. Quand λ passe par zéro, les deux racines imaginaires deviennent zéro toutes les deux, car la somme des racines de l'équation en y, $(x^2 = y)$, étant positive, c'est la plus petite des racines y' et y'' qui devient nulle. L'équation a alors deux racines réelles et deux racines nulles.

Enfin, si l'on a

$$0 = b - a,$$

les résultats donnés dans le tableau précédent ne subissent aucune modification lorsque λ passe par zéro.

2° $\qquad\qquad\qquad a = 2b.$

Nous savons qu'alors

$$-\frac{a^2}{4b} = b - a = \lambda'.$$

La valeur commune à ces quantités est $-b$; celle de λ'' est $+2b$; celle de $b + a$ est $3b$. Les résultats sont :

λ	ρ₁	ρ₂	ρ₃	CONCLUSIONS
$-\infty$	--	»	»	Les quatre racines sont imaginaires.
$-b$				$\left\{\begin{array}{l}\rho_1 = 0\\ \rho_2 = 0\\ \rho_3 = 0\end{array}\right\}$ Les quatre racines sont nulles.
$2b$	$+$	$-$	$+$	Deux racines sont réelles, de même valeur absolue et de signes contraires. Les deux autres racines sont imaginaires.
$3b$	$+$	$-$		$\rho_2 = 0 \left\{\begin{array}{l}\text{Deux racines sont nulles.}\\ \text{Les deux autres sont imaginaires.}\end{array}\right.$
$+\infty$	$+$	$+$	$-$	Les quatre racines sont imaginaires.

Remarque. — Quand λ passe par zéro, les deux racines imaginaires qu'a l'équation lorsque λ est voisin de zéro, deviennent toutes les deux nulles.

3° $\qquad\qquad\qquad a > 2b.$

λ	ρ₁	ρ₂	ρ₃	CONCLUSIONS
$-\infty$				
	$-$	»	»	
$\dfrac{a^2}{4b}$				Les quatre racines sont imaginaires.
	$+$	$+$	$-$	
$b-a$				$-\left\{ \rho_2 = 0 \left\{ \begin{array}{l}\text{Deux racines sont nulles.}\\ \text{Les deux autres sont imaginaires.}\end{array}\right.\right.$
	$+$	$-$	$-$	
λ				Deux racines de l'équation sont réelles, de même valeur absolue et de signes contraires.
	$+$	$-$	$+$	Les deux autres racines sont imaginaires.
λ″				
	$+$	$-$	$-$	
$b+a$				$-\left\{ \rho_2 = 0 \left\{ \begin{array}{l}\text{Deux racines sont nulles.}\\ \text{Les deux autres sont imaginaires.}\end{array}\right.\right.$
	$+$	$+$	$-$	Les quatre racines sont imaginaires.
$+\infty$				

Remarque. — Quand λ passe par zéro, les deux racines imaginaires qu'a l'équation lorsque λ est voisin de zéro, deviennent toutes les deux nulles.

Comparaison d'un nombre donné α aux racines d'une équation bicarrée.

208. Il n'y a lieu de traiter cette question que dans le cas où l'équation a ses quatre racines réelles et distinctes, et dans celui où elle a deux racines réelles et distinctes et deux racines imaginaires.

I. L'équation

$$ax^4 + bx^2 + c = 0$$

a ses quatre racines réelles et distinctes.

Puisque ces racines sont deux à deux de même valeur absolue et de signes contraires, en désignant par x' et x'' $(x' < x'')$ leurs valeurs absolues, elles sont représentées par

$$- x'', \quad - x', \quad + x', \quad + x''.$$

Nous les avons rangées par ordre de grandeur croissante.

Considérons l'équation

$$ay^2 + by + c = 0,$$

obtenue en remplaçant x^2 par y.

Par hypothèse, cette équation a deux racines positives y' et y'' $(y' < y'')$, et l'on a

$$+ x'^2 = y' \qquad \text{et} \qquad + x''^2 = y''.$$

Comparons (139) à y' et y'' le carré α^2 du nombre donné α.

Si l'on a

$$\alpha^2 < y',$$

ce qui revient à

$$\alpha^2 - x'^2 < 0$$

ou à

$$(\alpha - x')(\alpha + x') < 0,$$

le nombre α est compris entre

$$- x' \qquad \text{et} \qquad + x'.$$

Si l'on a

$$y' < \alpha^2 < y'',$$

ce qui revient, d'une part, à

$$\alpha^2 - x'^2 > 0$$

ou à

$$(\alpha - x')(\alpha + x') > 0,$$

et, d'autre part, à

$$\alpha^2 - x''^2 < 0,$$

ou à

$$(\alpha - x'')(\alpha + x'') < 0.$$

α est à la fois extérieur à l'intervalle $(-x'. +x')$ et compris dans l'intervalle $(-x''. +x'')$. Il se place donc dans l'un des deux intervalles

$$(-x''. -x') \qquad \text{et} \qquad (+x'. +x'');$$

dans le premier, s'il est négatif; dans le second, s'il est positif.

Enfin, si l'on a

$$y'' < \alpha^2,$$

ce qui revient à

$$\alpha^2 - x''^2 > 0$$

ou à

$$(\alpha - x'')(\alpha + x'') > 0,$$

α est extérieur à l'intervalle $(-x''. +x'')$. Il est inférieur à $-x''$, s'il est négatif, et supérieur à $+x''$, s'il est positif.

Application. — Comparer le nombre -2 aux quatre racines réelles $\pm x'$ et $\pm x''$ de l'équation

$$F(x) = x^4 - 10x^2 + 9 = 0.$$

On a

$$F(-2) = 16 - 40 + 9,$$

d'où

$$F(-2) < 0.$$

$F(-2)$ est du signe de $-a$. Le nombre $(-2)^2$ est compris entre y' et y''.

Le nombre -2 est compris entre

$$-x'' \qquad \text{et} \qquad -x'.$$

II. L'équation

$$ax^4 + bx^2 + c = 0$$

a deux racines réelles et distinctes et deux racines imaginaires.

Soit x'' la valeur absolue des deux racines réelles. Ces racines sont

$$-x'' \qquad \text{et} \qquad +x''.$$

L'équation

$$ay^2 + by + c = 0$$

a ses racines y' et y'' $(y' < y'')$ de signes contraires. y'' étant celle qui est positive, on a

$$+x''^2 = y''.$$

Comparons α^2 aux nombres y' et y''.

Si l'on a

$$\alpha^2 < y'',$$

ce qui revient à

$$\alpha^2 - x''^2 < 0$$

ou à

$$(\alpha - x'')(\alpha + x'') < 0,$$

α est compris entre $- x''$ et $+ x''$.

Si l'on a

$$\alpha^2 > y'',$$

ce qui revient à

$$\alpha^2 - x''^2 > 0$$

ou à

$$(\alpha - x'')(\alpha + x'') > 0,$$

le nombre α est extérieur à l'intervalle $(- x''. + x'')$. Il est inférieur à $- x''$, s'il est négatif. Il est supérieur à $+ x''$, s'il est positif.

Application. — Comparer le nombre $- 3$ aux racines de l'équation

$$F(x) = x^4 - 3x^2 - 4 = 0,$$

dont deux racines seulement sont réelles.

On a

$$F(- 3) = 81 - 27 - 4.$$

$F(- 3)$ est du signe de $+ a$. Le nombre $(- 3)^2$ est extérieur à l'intervalle $(y'.y'')$. Comme $(- 3)^2$ est positif et que y' est négatif, $(- 3)^2$ est supérieur à y''.

Le nombre $- 3$ est donc inférieur aux racines de l'équation donnée.

RÉSOLUTION DES INÉQUATIONS BICARRÉES

209. Une inéquation bicarrée est de l'une des deux formes

$$ax^4 + bx^2 + c > 0 \qquad \text{et} \qquad ax^4 + bx^2 + c < 0,$$

avec $a \neq 0$.

Lorsque l'inéquation est de la seconde forme, si l'on fait passer tous les termes du premier membre dans le second en changeant les signes, on obtient une inéquation de la première forme qui est équivalente à la proposée. Nous pouvons donc nous borner à la résolution de l'inéquation

$$ax^4 + bx^2 + c > 0.$$

Nous distinguerons trois cas, suivant que le premier réalisant de la fonction

$$F(x) = ax^4 + bx^2 + c,$$

c'est-à-dire le réalisant de la fonction du second degré

$$f(y) = ay^2 + by + c,$$

obtenue en remplaçant x^2 par y, sera négatif, nul ou positif.

Premier cas. $\qquad \rho_1 = b^2 - 4ac < 0.$

Nous savons qu'alors

$$f(y) = a\left[\left(y + \frac{b}{2a}\right)^2 + \frac{4ac - b^2}{4a^2}\right].$$

Par conséquent

$$F(x) = a\left[\left(x^2 + \frac{b}{2a}\right)^2 + \frac{4ac - b^2}{4a^2}\right],$$

et, symboliquement (121).

$$F(x) = a(M^2 + N^2).$$

L'inéquation à résoudre est donc

$$a(M^2 + N^2) > 0.$$

Quelle que soit la valeur donnée à x, la parenthèse étant toujours positive :

1° Si $\qquad\qquad a > 0,$

l'inéquation admet pour solution tous les nombres depuis $-\infty$ jusqu'à $+\infty$;

2° Si $\qquad\qquad a < 0,$

l'inéquation n'a pas de solution.

Deuxième cas. $\qquad \rho_1 = b^2 - 4ac = 0.$

Dans ce cas

$$f(y) = a\left(y + \frac{b}{2a}\right)^2.$$

Donc

$$F(x) = a\left(x^2 + \frac{b}{2a}\right)^2$$

et l'inéquation proposée s'écrit

$$a\left(x^2 + \frac{b}{2a}\right)^2 > 0.$$

On voit alors que :

1° Si $\qquad a > 0.$

les solutions de l'inéquation sont tous les nombres depuis $-\infty$ jusqu'à $+\infty$, à l'exception des deux racines carrées algébriques de $-\dfrac{b}{2a}$ lorsque ce nombre est positif ;

2° Si $\qquad a < 0,$

l'inéquation n'a pas de solution.

Troisième cas. $\qquad \rho_1 = b^2 - 4ac > 0.$

L'équation

$$f(y) = ay^2 + by + c = 0$$

a ses racines y' et y'' $(y' < y'')$ réelles et distinctes, et la fonction $f(y)$ s'écrit

$$f(y) = a(y - y')(y - y'').$$

Il s'ensuit que

$$F(x) = a(x^2 - y')(x^2 - y''),$$

et l'inéquation à résoudre est

$$F(x) = a(x^2 - y')(x^2 - y') > 0.$$

Trois cas se présentent :

1° Les quantités y' et y'' sont toutes deux négatives.

Les nombres $-y'$ et $-y''$ sont alors positifs, et, quelle que soit la valeur donnée à x, les deux binômes

$$x^2 - y' \qquad \text{et} \qquad x^2 - y''$$

sont positifs.

Par conséquent :

Si $\qquad a > 0,$

l'inéquation admet pour solutions tous les nombres depuis $-\infty$ jusqu'à $+\infty$;

Si $\qquad a < 0,$

l'inéquation n'a pas de solution.

2° Les quantités y' et y'' sont de signes contraires :

$$y' < 0, \qquad y'' > 0.$$

Quelle que soit la valeur donnée à x, le binôme $x^2 - y'$ est toujours positif. L'inéquation proposée est équivalente à la suivante :

$$a(x^2 - y'') > 0.$$

Désignons par x'' la valeur absolue des racines carrées algébriques de y''.

On a

$$y'' = + x''^2.$$

L'inéquation précédente s'écrit

$$a(x^2 - x''^2) > 0$$

ou bien

$$a(x + x'')(x - x'') > 0.$$

On voit alors que si

$$a > 0,$$

l'inéquation proposée a pour solutions tous les nombres extérieurs à l'intervalle $(- x'' . + x'')$, et que si

$$a < 0,$$

elle a pour solutions tous les nombres compris entre $- x'$ et $+ x''$.

3° Les quantités y' et y'' sont toutes deux positives.

Désignons par x' et x'' les valeurs absolues des racines carrées algébriques des nombres positifs y' et y''.

Nous avons

$$y' = + x'^2 \qquad \text{et} \qquad y'' = + x''^2.$$

L'inéquation devient

$$a(x^2 - x'^2)(x^2 - x''^2) > 0$$

ou bien

$$a(x + x'')(x + x')(x - x')(x - x'') > 0.$$

Remarquons que les quantités

$$+ x', \qquad - x', \qquad + x'', \qquad - x''$$

se rangent par ordre de grandeur croissante ainsi qu'il suit :

$$- x'', \qquad - x', \qquad + x', \qquad + x''.$$

Dès lors

x	$x + x''$	$x + x'$	$x - x'$	$x - x''$	$F(x)$ est du signe de
$- \infty$					
	$-$	$-$	$-$	$-$	$+ a$
$- x''$					
	$+$	$-$	$-$	$-$	$- a$
$- x'$					
	$+$	$+$	$-$	$-$	$+ a$
$+ x'$					
	$+$	$+$	$+$	$-$	$- a$
$+ x''$					
	$+$	$+$	$+$	$+$	$+ a$
$+ \infty$					

Conséquences :

Si
$$a > 0,$$
les solutions sont tous les nombres donnés par
$$- \infty \leqslant x < - x'', \quad - x' < x < + x', \quad + x'' < x \leqslant + \infty.$$
Si
$$a < 0,$$
les solutions sont tous les nombres donnés par
$$- x'' < x < - x' \qquad + x' < x < + x''.$$

Remarque. — Les limites des intervalles sont les racines de l'équation
$$F(x) = 0.$$

210. REMARQUÉ. — Les solutions de la *relation conditionnelle*
$$ax' + bx^2 + c \geqslant 0,$$

s'obtiennent en joignant à celles de l'inéquation les racines de l'équation

$$ax^4 + bx^2 + c = 0.$$

211. APPLICATIONS :

1° Résoudre l'inéquation

$$x^4 - 3x^2 - 4 > 0. $$

Le premier réalisant est positif, le second est négatif.
L'équation

$$x^4 - 3x^2 - 4 = 0$$

a deux racines réelles, qui sont $- 2$ et $+ 2$.

L'inéquation proposée a pour solutions tous les nombres extérieurs à l'intervalle $(- 2, + 2)$.

Remarque. — La relation conditionnelle

$$x^4 - 3x^2 - 4 \geqslant 0$$

a pour solutions tous les nombres définis par

$$- \infty \leqslant x \leqslant - 2 \qquad \text{et} \qquad + 2 \leqslant x \leqslant + \infty .$$

2° Résoudre l'inéquation

$$x^4 - 10x^2 + 9 > 0.$$

Les trois réalisants sont positifs.
L'équation

$$x^4 - 10x^2 + 9 = 0$$

a ses quatre racines réelles et distinctes. Elles sont

$$- 3, \qquad - 1, \qquad + 1, \qquad + 3.$$

L'inéquation proposée, dans laquelle le coefficient de x^4 est positif, admet pour solutions tous les nombres définis par

$$- \infty \leqslant x < - 3, \qquad - 1 < x < + 1, \qquad + 3 < x \leqslant + \infty .$$

Remarque. — La relation conditionnelle

$$x^4 - 10x^2 + 9 \geqslant 0$$

admet pour solutions tous les nombres donnés par

$$- \infty \leqslant x \leqslant - 3, \qquad - 1 \leqslant x \leqslant + 1, \qquad + 3 \leqslant x \leqslant + \infty .$$

3° Résoudre l'inéquation

$$x^4 - 10x^2 + 9 < 0.$$

Je lui substitue l'inéquation équivalente

$$- x^4 + 10x^2 - 9 > 0.$$

Les solutions sont tous les nombres définis par

$$- 3 < x < - 1 \qquad \text{et} \qquad + 1 < x < + 3.$$

Remarque. -- La relation conditionnelle

$$x^4 - 10x^2 + 9 \leqslant 0$$

a pour solutions tous les nombres donnés par

$$- 3 \leqslant x \leqslant - 1 \qquad \text{et} \qquad + 1 \leqslant x \leqslant + 3.$$

INDICATIONS GÉNÉRALES

SUR LA RÉSOLUTION D'UN SYSTÈME DE PLUSIEURS ÉQUATIONS

A PLUSIEURS INCONNUES

212. DÉFINITIONS. — On dit que plusieurs équations à plusieurs inconnues forment *un système d'équations simultanées* lorsque ces équations doivent être satisfaites simultanément par les mêmes racines.

L'ensemble des racines qui satisfont simultanément à un système d'équations, est un *système de racines* du système de ces équations.

Trouver les différents systèmes de racines d'un système d'équations, c'est *résoudre* ce système.

Deux systèmes d'équations sont *équivalents* lorsqu'ils admettent les mêmes systèmes de racines.

Dans la résolution d'un système d'équations, on peut remplacer ce système par un autre équivalent.

213. *Remarque.* — Les théorèmes 34 et 38, que nous avons démontrés sur l'équivalence des équations à une inconnue, s'appliquent sans aucune modification aux équations à plusieurs inconnues.

Nous n'en reprendrons pas la démonstration.

214. *Remarque.* — Quelles que soient les équations qui composent un système, on peut toujours remplacer ce système par un autre équivalent, dans lequel les équations ont toutes zéro pour second membre, c'est-à-dire sont de la forme

$$F(x, y, z, \ldots) = 0.$$

215. Théorème. — *Si, dans un système d'équations simultanées à plusieurs inconnues*

$$F(x, y, z, \ldots) = 0,$$
$$F'(x, y, z, \ldots) = 0,$$
$$F''(x, y, z, \ldots) = 0,$$
$$\cdots \cdots \cdots \cdots$$

l'une des équations est équivalente à une équation de la forme

$$x = f(y, z, \ldots),$$

on obtient un système équivalent au proposé en joignant à l'équation précédente les équations que l'on trouve en remplaçant x par f(y, z, ...) dans les équations autres que celle qui a fourni l'équation

$$x = f(y, z, \ldots).$$

Je dis que les deux systèmes

$$(1) \begin{cases} F(x, y, z, \ldots) = 0 \\ F'(x, y, z, \ldots) = 0 \\ F''(x, y, z, \ldots) = 0 \\ \cdots \cdots \cdots \cdots \end{cases} \quad \text{et} \quad (2) \begin{cases} x = f(y, z, \ldots) \\ F'[f(y, z, \ldots), y, z, \ldots] = 0 \\ F''[f(y, z, \ldots), y, z, \ldots] = 0 \\ \cdots \cdots \cdots \cdots \end{cases}$$

sont équivalents.

Soit

$$\begin{cases} x = \alpha \\ y = \beta \\ z = \gamma \\ \cdots \end{cases}$$

un système de racines du système (1). Par hypothèse, les égalités

$$\begin{cases} F(\alpha, \beta, \gamma, \ldots) = 0, \\ F'(\alpha, \beta, \gamma, \ldots) = 0, \\ F''(\alpha, \beta, \gamma, \ldots) = 0, \\ \cdots \cdots \cdots \cdots \end{cases}$$

sont des identités.

Remplaçons, dans le système (2), $x, y, z, \ldots$ par $\alpha, \beta, \gamma, \ldots$; la première équation de ce système se transforme en une identité, puisque les équations

$$F(x, y, z, \ldots) = 0 \quad \text{et} \quad x = f(y, z, \ldots)$$

sont équivalentes. Ainsi α est identique à

$$f(\beta, \gamma, \ldots).$$

Les autres équations deviennent les égalités

$$F'[f(\beta, \gamma, \ldots), \beta, \gamma, \ldots] = 0,$$
$$F''[f(\beta, \gamma, \ldots), \beta, \gamma, \ldots] = 0.$$
$$\cdots \cdots \cdots \cdots$$

Elles sont encore des identités, puisqu'elles s'obtiennent en remplaçant, dans les identités

$$F'(\alpha, \beta, \gamma, \ldots) = 0,$$
$$F''(\alpha, \beta, \gamma, \ldots) = 0,$$
$$\cdots\cdots\cdots\cdots$$

α par la quantité identique $f(\beta, \gamma, \ldots)$.

Les nombres α, β, γ, ... transforment donc les équations (2) en identités. Ils forment, par suite, un système de racines de ce système.

On démontrerait de la même façon que tout système de racines du système (2) est un système de racines du système (1). Les deux systèmes sont par conséquent équivalents, et le théorème est démontré.

Remarque. — Il peut arriver que certaines équations du système proposé ne contiennent pas toutes les inconnues qui figurent dans le système. Si ce fait se présente, cela ne change rien au raisonnement précédent, et le théorème subsiste.

216. Remarque. — Soit un certain système d'équations simultanées. Désignons par n le nombre des équations et par p celui des inconnues, et supposons que l'on puisse appliquer le théorème précédent.

On obtient un système équivalent formé encore de n équations; mais, tandis que dans l'une des équations les p inconnues peuvent figurer, dans les $n - 1$ autres, il n'y a que $p - 1$ inconnues au plus.

217. — Définition. — Calculer le deuxième système s'appelle *éliminer* l'une des inconnues entre les équations du premier système.

218. Application. — *Résolution d'un système de* n *équations simultanées renfermant* p *inconnues.*

Nous supposerons qu'il sera toujours possible d'éliminer une inconnue entre les équations des différents systèmes que nous allons rencontrer.

Plaçons-nous dans le cas général. Admettons que chacune des n équations du système contient les p inconnues.

Eliminons une inconnue: Nous obtenons un système équivalent formé de n équations. L'une d'elles (je l'écris la première) contient les p inconnues; les $n - 1$ suivantes n'en renferment que $p - 1$.

Considérons spécialement le système de ces $n - 1$ équations et éliminons dans ce système une nouvelle inconnue. Nous trouvons un système équivalent formé de $n - 1$ équations. L'une d'elles (je l'écris la première) renferme $p - 1$ inconnues; les $n - 2$ autres n'en contiennent plus que $p - 2$.

On peut alors remplacer le système proposé par un système équivalent formé de n équations. La première est celle qui a été utilisée pour la première élimination; elle renferme p inconnues. La seconde est celle qui a été employée dans la seconde élimination: elle contient $p - 1$ inconnues. Quant aux $n - 2$ autres, ce sont les équations obtenues en dernier lieu; elles ne contiennent que $p - 2$ inconnues.

Si l'on continue de la sorte, trois cas se présentent :

1° $n = p$. Le calcul conduit à un système équivalent au proposé, composé de

$$(1) \begin{cases} \text{une équation à } \quad n \quad \text{ inconnues,} \\ \text{une } \ldots \ldots \quad n - 1 \ldots \ldots \\ \text{une} \ldots \ldots \quad n - 2 \ldots \ldots \\ \ldots \ldots \ldots \ldots \ldots \ldots \\ \text{une équation à } \quad une \quad \text{ inconnue.} \end{cases}$$

Désignons par x l'inconnue contenue dans la dernière équation.

Si cette équation n'admet pas de racines, il est impossible de satisfaire simultanément aux équations données, et le système proposé n'a pas de système de racines.

En général, la dernière équation a un certain nombre de racines. Soit

$$x = \alpha$$

l'une d'elles.

Remplaçons x par α dans les $n - 1$ premières équations du système (1). Elles deviennent :

$$(2) \begin{cases} \text{la} \qquad 1^{re}, \text{ une équation à } n - 1 \text{ inconnues,} \\ \text{la} \qquad 2^{e}, \ldots \ldots \ldots n - 2 \ldots \ldots \\ \ldots \ldots \ldots \ldots \ldots \ldots \ldots \ldots \\ \text{la } (n - 1)^{e}, \text{ une équation à } \quad une \quad \text{ inconnue.} \end{cases}$$

Soit y l'inconnue qui figure dans la dernière équation du système (2).

Si cette équation n'admet pas de racines, α ne fait pas partie d'un système de racines du système proposé, et il faut recommencer l'opération avec une autre des racines de la n^{e} équation du système (1).

Si l'on ne trouvait jamais de racine pour la $(n - 1)^{e}$ équation du système (2), le système proposé n'aurait pas de système de racines.

Supposons que la $(n-1)^e$ équation du système (2) ait des racines. Soit

$$y = \beta$$

l'une d'elles.

Remplaçons y par β dans les $n-2$ premières équations du système (2) ; nous obtenons un nouveau système, qui présente les particularités du système (2).

Agissons sur ce système comme sur le système (2), et ainsi de suite.

Finalement, si nous n'avons pas été arrêté par la constatation de l'absence de racines, nous trouvons un système formé d'une seule équation à une seule inconnue t.

Si cette équation n'a pas de racine, le système α, $\beta, \ldots$ ne peut pas faire partie d'un système de racines du système proposé, et il faut recommencer les calculs avec les autres valeurs trouvées pour $x, y, \ldots$

Supposons que l'équation ait des racines, et soit

$$t = 0$$

l'une d'elles.

Le système

$$\begin{cases} x = \alpha \\ y = \beta \\ z = \gamma \\ \cdots \\ \cdots \\ t = 0 \end{cases}$$

est évidemment un système de racines du système proposé.

On aura tous les autres systèmes en considérant successivement toutes les racines des diverses équations à une inconnue que l'on rencontre dans la suite du calcul et procédant comme nous venons de le faire.

2° $n < p$. On peut éliminer successivement $n-1$ inconnues. La dernière équation contient encore $p - n + 1$ inconnues. Si l'on donne des valeurs arbitraires à $p - n$ de ces inconnues, on peut continuer l'application de la méthode précédente et obtenir en général un certain nombre de systèmes de racines qui correspondent aux valeurs arbitraires choisies. Avec d'autres valeurs arbitraires, on aurait en général d'autres systèmes de racines. Par conséquent, en général, le système proposé admet une infinité de systèmes de racines.

3° $n > p$. Après l'élimination de $p - 1$ inconnues, on a $n - p + 1$ équations à une inconnue. Il est, en général, impossible de trouver des nombres qui satisfassent simultanément à ces équations.

Le système proposé n'a donc pas en général de systèmes de racines.

Remarque. — Lorsque certaines équations ne contiennent pas toutes les inconnues du système, la méthode précédente s'applique encore; mais les calculs sont plus simples.

Remarque. — Nous n'avons fait aucune hypothèse sur les fonctions F, F', F''... Elles sont quelconques.

219. Définition. — Une équation à plusieurs inconnues

$$F(x, y, z, \ldots) = 0$$

est du m^e degré, lorsque la fonction F est un polynôme entier par rapport aux lettres $x, y, z, \ldots$ et que le terme du plus haut degré par rapport à ces lettres est du degré m.

Exemples: L'équation

$$2x + 3y + 1 = 0$$

est du premier degré.

Les équations

$$x^2 - 2xy + y^2 + x + y - 2 = 0,$$
$$3xy + x - 2y - 4 = 0$$

sont du second degré.

220. Application. — *Résoudre le système*

$$(1) \qquad \begin{cases} x + y = a, \\ xy = b. \end{cases}$$

J'élimine y. J'obtiens le système équivalent

$$(2) \qquad \begin{cases} y = a - x, \\ x^2 - ax + b = 0. \end{cases}$$

L'équation

$$(3) \qquad x^2 - ax + b = 0$$

ne renferme qu'une inconnue. Elle est du second degré, et son réalisant est $a^2 - 4b$.

Si $$a^2 - 4b < 0,$$

l'équation (3) a ses racines imaginaires, ce qui, pour nous, revient à dire qu'elle n'a pas de racine. Le système (1) n'admet donc pas de système de racine.

Si $$a^2 - 4b = 0,$$

l'équation (3) a ses racines égales. En réalité, elle a une seule racine, égale à $\frac{a}{2}$. Lorsqu'on porte cette racine dans l'équation

$$y = a - x,$$

on trouve

$$y = \frac{a}{2}.$$

Il s'ensuit que le système (1) admet un système unique de racines, qui est

$$x = \frac{a}{2}, \qquad y = \frac{a}{2}.$$

Si $$a^2 - 4b > 0,$$

l'équation (3) a deux racines réelles, que je représente par α et α'. En les portant successivement dans l'équation

$$y = a - x,$$

on en déduit pour y deux valeurs correspondantes β et β', et le système (1) admet les deux systèmes de racines

$$(4) \qquad \begin{cases} x = \alpha \\ y = \beta \end{cases} \quad \text{et} \quad \begin{cases} x = \alpha' \\ y = \beta'. \end{cases}$$

Remarque. — Revenons au cas où

$$a^2 - 4b > 0.$$

En éliminant x au lieu de y, nous trouvons le système

$$\begin{cases} x = a - y, \\ y^2 - ay + b = 0, \end{cases}$$

qui, étant équivalent au système (1), admet pour systèmes de racines les deux systèmes (4). Il résulte de là que l'équation

$$y^2 - ay + b = 0$$

a pour racines β et β'. Or, cette équation est équivalente à l'équation (3). Il faut donc que l'on ait

$$\alpha = \beta \qquad \text{et} \qquad \alpha' = \beta'$$

ou bien

$$\alpha = \beta' \qquad \text{et} \qquad \alpha' = \beta.$$

La première hypothèse n'est pas admissible, car elle entraîne

$$x = y = \frac{a}{2},$$

d'où

$$a^2 - 4b = 0.$$

Par conséquent, on a

$$\alpha = \beta' \qquad \text{et} \qquad \alpha' = \beta,$$

et les deux systèmes de racines sont

$$\begin{cases} x = \dfrac{a + \sqrt{a^2 - 4b}}{2} \\[2mm] y = \dfrac{a - \sqrt{a^2 - 4b}}{2} \end{cases} \quad \text{et} \quad \begin{cases} x = \dfrac{a - \sqrt{a^2 - 4b}}{2} \\[2mm] y = \dfrac{a + \sqrt{a^2 - 4b}}{2}. \end{cases}$$

Remarque. — On aurait pu dire encore :

Le système (1) ne change pas quand on permute les lettres x et y. Donc, si

$$\begin{cases} x = \alpha \\ y = \beta \end{cases}$$

est un système de racines du système (1), il faut que

$$\begin{cases} y = \alpha \\ x = \beta \end{cases}$$

soit également un système de racines de ce système.

Remarque. — Proposons-nous de trouver deux nombres connaissant leur somme a et leur produit b.

Si l'on désigne par x l'un de ces nombres et par y l'autre, la question revient à la résolution du système

$$x + y = a,$$
$$xy = b.$$

Si $a^2 - 4b < 0$, le problème est impossible.

Si $a^2 - 4b = 0$, les deux nombres sont tous deux égaux à $\frac{a}{2}$.

Si $a^2 - 4b > 0$, les deux nombres sont les deux racines de l'équation

$$X^2 - aX + b = 0.$$

221. APPLICATION. — *Résoudre le système*

$$\begin{cases} x - 2y + z + 1 = 0, \\ 2x^2 - y + z - 1 = 0, \\ x^4 - 3x^3 - yx^2 - 4x^2 - y^2 + 5x - z + 3 = 0. \end{cases}$$

En éliminant z, on trouve le système équivalent

$$\begin{cases} z = 2y - x - 1, \\ 2x^2 - x + y - 2 = 0, \\ x^4 - 3x^3 - yx^2 - 4x^2 - y^2 + 6x - 2y + 4 = 0. \end{cases}$$

Si l'on élimine y entre les deux dernières équations, il vient

$$\begin{cases} y = -2x^2 + x + 2, \\ -x^4 + 5x^2 - 4 = 0, \end{cases}$$

et le système proposé équivaut au suivant :

$$\begin{cases} z = 2y - x - 1, & \qquad (1) \\ y = -2x^2 + x + 2, & \qquad (2) \\ x^4 - 5x^2 + 4 = 0. & \qquad (3) \end{cases}$$

L'équation (3) ne contient qu'une inconnue, x. Elle a pour racines les quatre nombres

$$-2, \qquad -1, \qquad +1, \qquad +2.$$

Si le système proposé admet un ou plusieurs systèmes de racines, la valeur de x dans l'un quelconque de ces systèmes est l'un des nombres précédents.

Donnons successivement à x les quatre valeurs

$$-2, \qquad -1, \qquad +1, \qquad +2.$$

1° Soit $x = -2$.

L'équation (2) devient

$$y = -8.$$

L'équation (1) devient

$$z = 2y + 1.$$

Éliminons y entre ces deux équations ; nous trouvons le système équivalent

$$y = -8,$$
$$z = -15.$$

Il résulte de ce calcul que si, dans le système des équations (1), (2) et (3), on fait simultanément

$$x = -2, \qquad y = -8, \qquad z = -15,$$

le système est satisfait. Par conséquent, il en est de même du système proposé, qui admet alors le système de racines

$$x = -2, \qquad y = -8, \qquad z = -15.$$

2° Soit $x = -1$.

En procédant de même, on trouve le système de racines

$$x = -1, \qquad y = -1, \qquad z = -2.$$

3° Soit $x = 1$.

On trouve

$$x = 1, \qquad y = 1, \qquad z = 0.$$

4° Soit $x = 2$.

On trouve

$$x = 2, \qquad y = -4, \qquad z = -11.$$

Le système proposé admet donc les quatre systèmes de racines

$$\begin{cases} x = -2 \\ y = -8 \\ z = -15 \end{cases} \qquad \begin{cases} x = -1 \\ y = -1 \\ z = -2 \end{cases} \qquad \begin{cases} x = 1 \\ y = 1 \\ z = 0 \end{cases} \qquad \begin{cases} x = 2 \\ y = -4 \\ z = -11. \end{cases}$$

222. Application. — *Résoudre le système*

$$(1) \qquad \begin{cases} x^2 - 4z + 4y - 1 = 0, \\ z^2 - 2zy + 2z - 2y - 3 = 0, \\ x + y - z - 1 = 0. \end{cases}$$

J'élimine z. J'obtiens

$$(2) \qquad \begin{cases} z = x + y - 1, \\ x^2 - y^2 - 4 = 0, \\ x^2 - 4x + 3 = 0. \end{cases}$$

La dernière équation ne contient que l'inconnue x; elle admet les deux racines

1   et   3.

Si le système proposé a des systèmes de racines, les valeurs de x dans ces systèmes ne peuvent être que 1 et 3.

Donnons à x la valeur 1.

La seconde équation du système (2) devient

$$- y^2 - 3 = 0.$$

Comme elle a ses racines imaginaires, x ne peut pas recevoir la valeur 1.

Faisons alors

$$x = 3.$$

La seconde équation devient

(3) $$5 - y^2 = 0,$$

et la première

(4) $$z = y + 2.$$

L'équation (3) admet deux racines

$- \sqrt{5}$ et $+ \sqrt{5}.$

Si on les porte successivement dans l'équation (4), on a

$$z = 2 - \sqrt{5} \qquad \text{et} \qquad z = 2 + \sqrt{5}.$$

Il résulte de là que le système proposé a deux systèmes de racines, qui sont

$$\begin{cases} x = 3 \\ y = - \sqrt{5} \\ z = 2 - \sqrt{5} \end{cases} \qquad \begin{cases} x = 3 \\ y = + \sqrt{5} \\ z = 2 + \sqrt{5}. \end{cases}$$

RÉSOLUTION DES PROBLÈMES

223. Pour résoudre un problème, on désigne les inconnues par les lettres x, y, z,... et on écrit, à l'aide des signes de l'algèbre, les *relations* auxquelles doivent satisfaire simultanément ces inconnues.

On obtient ainsi des *équations* et des *inéquations*.

La résolution du système formé par ces équations et ces inéquations donne les solutions du problème.

Remarque. — Certaines inéquations peuvent être remplacées par des *relations conditionnelles*.

PROBLÈME I

Dans l'intérieur d'un triangle de base b *et de hauteur* h, *placer un rectangle de périmètre donné* 2p, *de manière que deux de ses sommets soient sur la base du triangle et que les deux autres sommets soient respectivement sur les deux autres côtés.*

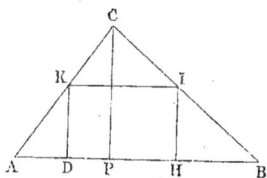

Soit ABC le triangle donné.

$$AB = b, \qquad CP = h.$$

Désignons par x et y les nombres qui mesurent la base DH et la hauteur DK du rectangle DHIK demandé.

Puisque le rectangle doit avoir un périmètre égal à 2p, il faut que l'on ait

$$2x + 2y = 2p,$$

c'est-à-dire

$$x + y = p.$$

D'autre part, les triangles semblables CKI et CAB donnent

$$\frac{x}{b} = \frac{h-y}{h}.$$

Il résulte de là que les nombres que nous avons appelés x et y forment un système de racines du système d'équations

(1)
$$\begin{cases} x + y = p, \\ \dfrac{x}{b} = \dfrac{h-y}{h}. \end{cases}$$

Mais la réciproque n'est pas vraie. Tout système de racines de ce système d'équations n'est pas nécessairement un système de solutions du problème.

Il faut encore, et cela suffira évidemment, que ces nombres soient positifs, que la valeur de x soit inférieure à b et que celle de y soit inférieure à h.

Remarquons que si x et y représentent des nombres positifs satisfaisant au système (1), le premier membre de la seconde équation étant positif, le second doit l'être aussi, et y est inférieur à h. De plus, $h - y$ est inférieur à h; donc x est inférieur à b.

Je vois ainsi que pour qu'un système de racines des équations (1) soit un système de solutions du problème, il faut et il suffit que ces racines soient positives.

En résumé, la résolution du problème revient à celle du système d'équations et d'inéquations

(2)
$$\begin{cases} x + y = p, \\ \dfrac{x}{b} = \dfrac{h-y}{h}, \\ x > 0, \\ y > 0. \end{cases}$$

Résolvons d'abord le système des équations (1).

L'élimination de y donne le système équivalent

(2)
$$\begin{cases} y = p - x, \\ x(h - b) = b\,(h - p). \end{cases}$$

Deux cas se présentent :

1°
$$h - b \neq 0.$$

La seconde des équations (2) équivaut

$$x = \frac{b(h - p)}{h - b}.$$

Portant cette valeur de x dans la première, on a

$$y = \frac{h(p - b)}{h - b}.$$

Le système (2), et par suite le système (1), est équivalent au suivant:

(3)
$$\begin{cases} x = \dfrac{b(h - p)}{h - b}, \\ y = \dfrac{h(p - b)}{h - b}. \end{cases}$$

Le système (1) est résolu par les formules (3).

2°
$$h - b = 0.$$

Le système (2) devient

$$\begin{cases} y = p - x, \\ 0 = b(h - p). \end{cases}$$

Si h est différent de p, la seconde équation n'est jamais satisfaite, et le système (1) n'a pas de système de racines.

Si $h = p$, le système (2) se réduit à l'unique équation

$$x + y = p.$$

Il a une infinité de systèmes de racines, obtenus en donnant à l'une des inconnues une valeur arbitraire et calculant la valeur correspondante de l'autre inconnue.

Remarque. — Si $h - b = 0$ avec $h - p \neq 0$, le système (1) n'admettant pas de racines, le problème est impossible.

Il nous reste maintenant, dans les deux cas où nous avons trouvé des racines, à voir si ces racines satisfont aux inéquations

$$x > 0, \qquad y > 0.$$

1° $$h - b \neq 0.$$

Si l'on a
$$h - b > 0,$$

les racines fournies par les formules (3) ne satisferont aux inéquations que si
$$h - p > 0, \qquad p - b > 0,$$

c'est-à-dire
$$h > p > b.$$

Si l'on a
$$h - b < 0,$$

les racines fournies par les formules (3) ne satisferont aux inéquations que si
$$h - p < 0, \qquad p - b < 0.$$

c'est-à-dire
$$h < p < b.$$

Conséquence : Pour que les formules (3) satisfassent aux inéquations et donnent par suite un système de solutions du problème, il faut et il suffit que p soit compris entre b et h.

Remarque. — Si $p = b$, ou bien si $p = h$, l'une des inconnues est nulle; le rectangle se réduit à une droite, qui est la base ou la hauteur du triangle.

2° $$b = h = p.$$

Le système (1) a une infinité de racines, obtenues en donnant, dans l'équation
$$x = p - y,$$

une valeur arbitraire à y, et calculant la valeur de x correspondante.

L'inéquation $y > 0$ nous oblige à ne donner à y que des valeurs positives. Comme $x = p - y$, l'inéquation $x > 0$ impose en outre la condition $y < p$.

Conséquence : Le problème a une infinité de solutions, obtenues en donnant successivement à y toutes les valeurs comprises entre 0 et p et calculant les valeurs de x correspondantes au moyen de
$$x = p - y.$$

Remarque. — La connaissance des nombres x et y permettant la construction du rectangle, nous pouvons regarder la question comme résolue.

PROBLÈME II

Sur le diamètre AB = 2R *d'une demi-circonférence, déterminer un point* M *tel que si par ce point on élève une perpendiculaire* MN, *limitée à son intersection* N *avec la demi-circonférence, on ait*

$$AM + MN = l,$$

l *étant une longueur donnée.*

Désignons par x et y les nombres positifs ou nuls qui mesurent les longueurs inconnues AM et MN.

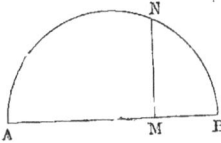

On doit avoir

$$x + y = l.$$

D'ailleurs, le point N étant sur la demi-circonférence,

$$\overline{MN}^2 = AM \times MB ;$$

il faut donc encore que l'on ait

$$y^2 = x(2R - x).$$

Ainsi les nombres que nous avons appelés x et y forment un système de racines du système d'équations

(1) $\qquad \begin{cases} x + y = l, \\ y^2 = x(2R - x), \end{cases}$

ou du système équivalent

(2) $\qquad \begin{cases} y = l - x, \\ 2x^2 - 2x(R + l) + l^2 = 0, \end{cases}$

obtenu par l'élimination de y.

La seconde des équations (2) étant du second degré, peut avoir ses racines imaginaires. Si cette particularité se présentait, le système (2) n'aurait pas de racines et le problème serait impossible.

Si les racines de la seconde des équations (2) sont réelles, le système (2), et par suite le système équivalent (1), admettent deux systèmes de racines, obtenus en résolvant la seconde des équations (2) et portant successivement dans la première les racines trouvées.

Ces deux systèmes de racines ne sont pas nécessairement des systèmes de solutions du problème. L'un quelconque d'entre eux, pour être un système de solutions du problème, doit satisfaire aux relations conditionnelles

$$x \geqslant 0, \qquad y \geqslant 0,$$

qui résultent de la définition des nombres x et y. Cela d'ailleurs suffit, car l'équation

$$y^2 = x(2R - x),$$

qui est alors satisfaite et dans laquelle y^2 et x sont positifs ou nuls, montre que $2R - x$ est positif ou nul, c'est-à-dire que

$$x \leqslant 2R.$$

Le point M ne sort pas de la demi-circonférence ; la construction est possible.

Remarquons qu'en vertu de l'équation

$$y = l - x,$$

nous pouvons remplacer la relation

$$y \geqslant 0$$

par la suivante :

$$x \leqslant l.$$

En résumé, nous aurons les solutions du problème en résolvant le système

(3) $$\begin{cases} 2x^2 - 2x(R + l) + l^2 = 0, \\ 0 \leqslant x \leqslant l \end{cases}$$

et portant les résultats dans l'équation

$$y = l - x.$$

Résolution du système

(3) $$\begin{cases} F(x) = 2x^2 - 2x(R + l) + l^2 = 0, \\ 0 \leqslant x \leqslant l. \end{cases}$$

J'applique la méthode exposée au n° 180.

Calculs préliminaires.

1° Le réalisant de l'équation est

$$\rho = - l^2 + 2Rl + R^2.$$

12

C'est une fonction du second degré en l dont le réalisant est positif. L'équation

$$- l^2 + 2Rl + R^2 = 0$$

à deux racines réelles, l' et $l''(l' < l'')$, et l'on a

$$\rho = - (l - l')(l - l'').$$

Remarquons que les nombres l' et l'' ayant pour produit $- R^2$, sont de signes contraires. l' est donc négatif, et, puisque l est positif par définition, le binôme $l - l'$ est positif. ρ est du signe de

$$- (l - l'').$$

2° $$\qquad\qquad F(0) = + l^2.$$

$F(0)$ est positif.

$$F(l) = l(l - 2R).$$

$F(l)$ est du signe de $l - 2R$.

$$F(\pm \infty) = + \infty.$$

$F(\pm \infty)$ est positif.

La demi-somme des racines x' et x'' $(x' < x'')$ de l'équation

$$F(x) = 0$$

est

$$\frac{R + l}{2};$$

elle est toujours supérieure à zéro.

D'autre part, on a

$$l \gtrless \frac{x' + x''}{2},$$

si l'on a

$$l \gtrless \frac{R + l}{2}$$

ou bien

$$l - R \gtrless 0.$$

3° Ces calculs fournissent pour l les valeurs remarquables

$$l'', \qquad R, \qquad 2R.$$

Cherchons leurs relations de grandeur.

Posons

$$\varphi(l) = - l^2 + 2Rl + R^2.$$

Comme l'' est la racine positive de

$$\varphi(l) = 0$$

et que

$$\varphi(2R) = R^2,$$
$$\varphi(+\infty) = -\infty,$$

l'' est compris entre $2R$ et $+\infty$. Le classement est

$$R < 2R < l''.$$

Conséquences :

l	ρ	F(0)	F(l)	F($\pm\infty$)	SOLUTIONS DU SYSTÈME (3)
0	....	....	....	......	$\begin{cases} x' = 0 \\ x'' = R > l = 0 \end{cases}$ Le système a une seule solution, $x = 0$.
R	+	+	−	+	x' est compris entre 0 et l. x'' est supérieur à l. Le système n'a qu'une seule solution, qui est x'.
2R	....	....	—	......	$\begin{cases} x' = R \\ x'' = 2R \end{cases}$ Le système a deux solutions : $x = R$ et $x = 2R$.
	+	+	+	+	Les deux racines sont dans celui des intervalles $-\infty \quad 0 \quad l \quad +\infty$ qui contient leur demi-somme. Or $$l - R > 0;$$ donc $$0 < \frac{x' + x''}{2} < l.$$ Les deux racines sont comprises entre 0 et l. Le système a deux solutions distinctes : x' et x''.
l''	—				$\begin{cases} x' = x'' = \dfrac{R + l'}{2} < l''. \\ \rho = 0 \quad \text{Le système a deux solutions, égales à } \dfrac{R + l'}{2}. \end{cases}$
	—				Les racines sont imaginaires. Le système n'a pas de solution.
$+\infty$					

Conclusions.

Pour que le problème soit possible, il faut et il suffit que l appartienne à l'intervalle $(0 . l')$.

Si l est inférieur à $2R$, le problème admet un système unique de solutions :

$$\begin{cases} x = x', \\ y = l - x'. \end{cases}$$

Si $l = 2R$, le problème admet les deux systèmes de solutions :

$$\begin{cases} x = R. \\ y = R, \end{cases} \qquad \begin{cases} x = 2R, \\ y = 0. \end{cases}$$

Si $2R < l < l'$, le problème admet les deux systèmes de solutions :

$$\begin{cases} x = x', \\ y = l - x', \end{cases} \qquad \begin{cases} x = x'', \\ y = l - x''. \end{cases}$$

Enfin si $l = l'$, le problème n'admet plus qu'un système de solutions :

$$\begin{cases} x = \dfrac{R + l'}{2}, \\ y = \dfrac{R - l'}{2}. \end{cases}$$

Remarque.

$$l' = R(1 + \sqrt{2}),$$

$$x' = \frac{R + l - \sqrt{-l^2 + 2Rl + R^2}}{2}, \quad x'' = \frac{R + l + \sqrt{-l^2 + 2Rl + R^2}}{2}.$$

Remarque. — Ce problème est susceptible d'une solution géométrique très simple. Nous nous bornerons à l'indiquer, laissant au lecteur le soin de la justifier.

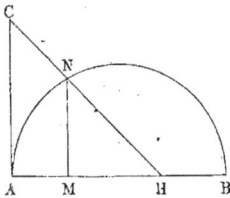

On élève AC perpendiculaire sur AB et l'on prend, sur les deux droites AC et AB,

$$AC = AH = l.$$

La droite CH rencontre la demi-circonférence en N. Il suffit d'abaisser NM perpendiculaire sur AB pour avoir le point M.

Si le point H est entre A et B, c'est-à-dire si

$$l < 2R,$$

le problème n'a qu'une solution.

Si le point H est sur la portion de droite BD, c'est-à-dire si

$$2R \leqslant l \leqslant l'',$$

le problème a deux solutions, qui se confondent quand le point H arrive en D.

Le problème est impossible si le point H est au delà du point D.

PROBLÈME III

On donne une circonférence O, *de rayon* R, *et un point* P *sur cette circonférence. On trace le diamètre qui passe par le point* P *et on le prolonge dans les deux sens. Par un point* A *quelconque sur la droite que l'on obtient ainsi, on mène une perpendiculaire* AN *à cette droite.*

On demande de déterminer sur la circonférence un point M *qui soit équidistant du point* P *et de la droite* AN.

Du point M abaissons MH perpendiculaire sur OP et menons le diamètre YOY' parallèle à MH. Désignons par OX la demi-droite qui contient le point P, et par OX' la demi-droite opposée.

Selon les positions des points A, H et M, les longueurs OA, OH et HM sont susceptibles d'être portées dans deux sens différents.

Convenons d'affecter les nombres qui mesurent les longueurs OA et OH du signe + lorsqu'elles sont portées sur OX et du signe — lorsqu'elles sont portées sur OX'. Convenons de même d'affecter le nombre qui mesure HM du signe + lorsque cette longueur est portée dans le sens OY et du signe — lorsqu'elle est portée dans le sens OY'.

Représentons enfin par a, x et y les nombres algébriques qui correspondent aux diverses longueurs OA, OH et HM.

Si nous parvenons à calculer les nombres algébriques x et y, le point M sera déterminé sans ambiguïté et le problème sera résolu.

Cherchons maintenant les équations du problème.

Pour que le point M réponde à la question, il faut et il suffit :

1° Qu'il soit sur la circonférence;

2° Que les deux longueurs MP et MN soient égales.

Première condition. — Si le point M est sur la circonférence, l'hypoténuse du triangle rectangle MOH est égale à R et les deux nombres algébriques x et y satisfont à l'équation

$$x^2 + y^2 = R^2.$$

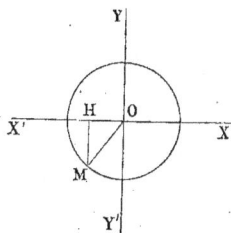

Inversement, si x et y sont deux nombres positifs ou négatifs, qui satisfont à cette équation, l'hypoténuse du triangle rectangle MOH est égale à R et le point M est sur la circonférence.

La première condition se traduit donc par l'équation

$$x^2 + y^2 = R^2,$$

sans autre obligation pour x et y que d'être réels.

Seconde condition. — Dans tous les cas de figure, le nombre arithmétique qui mesure MN est égal à la valeur absolue de

$$a - x,$$

et celui qui mesure MP, à

$$\sqrt{y^2 + (R - x)^2}.$$

Par conséquent, pour que la seconde condition soit satisfaite, il faut et il suffit que l'on ait

$$\pm (a - x) = \sqrt{y^2 + (R - x)^2}$$

ou encore

$$(a - x)^2 = y^2 + (R - x)^2,$$

x et y représentant des nombres positifs ou négatifs, c'est-à-dire réels.

Résumé. — La résolution du problème est ramenée à la recherche des systèmes de *racines réelles* du système d'équations

$$\begin{cases} x^2 + y^2 = R^2, \\ (a - x)^2 = y^2 + (R - x)^2 \end{cases}$$

ou du système équivalent

$$\begin{cases} y = \pm \sqrt{R^2 - x^2}, & (1) \\ x^2 - 2x(a - R) + a^2 - 2R^2 = 0, & (2) \end{cases}$$

que fournit l'élimination de y.

L'équation (2) ne contient que l'inconnue x. Elle admet deux racines réelles ou imaginaires.

Si ces racines sont imaginaires, le système précédent n'a pas de système de solutions, et le problème est impossible.

Si elles sont réelles, à chacune d'elles correspondent pour y deux valeurs réelles ou imaginaires fournies par l'équation (1).

Lorsque les deux valeurs de y, qui correspondent à une racine réelle de l'équation (2), sont réelles, à cette racine correspondent deux systèmes de solutions et, par suite, deux solutions du problème. Dans le cas contraire, la racine considérée ne donne pas de solution.

La condition de réalité des racines de l'équation (1) étant

$$R^2 - x^2 \geqslant 0,$$

c'est-à-dire

$$- R \leqslant x \leqslant + R,$$

il résulte de là que pour qu'une racine de l'équation (2) fournisse un système de racines réelles, il faut et il suffit qu'elle soit réelle et non extérieure à l'intervalle

$$- R \qquad + R.$$

En définitive, pour résoudre le problème nous avons à résoudre le système

$$(3) \qquad \begin{cases} x^2 - 2x(a - R) + a^2 - 2R^2 = 0, \\ - R \leqslant x \leqslant + R, \end{cases}$$

et à porter chaque solution trouvée dans l'équation

$$y = \pm \sqrt{R^2 - x^2},$$

afin de calculer y.

Résolution du système (3).

Posons

$$F(x) = x^2 - 2x(a - R) + a^2 - 2R^2.$$

Calculs préliminaires.

1° Le réalisant de $F(x)$ est

$$\rho = -2R\left(a - \frac{3R}{2}\right).$$

2°
$$F(-R) = (a - R)(a + 3R).$$

$$F(+R) = (a - R)^2.$$

Remarquons que $F(+R)$ n'est jamais négatif.

3° La demi-somme des racines x' et x'' $(x' < x'')$ de l'équation

$$F(x) = 0$$

est $a - R$.

On a

$$-R \gtrless \frac{x' + x''}{2},$$

si l'on a

$$a \lessgtr 0.$$

De plus, on a

$$R \gtrless \frac{x' + x''}{2},$$

si l'on a

$$a - 2R \lessgtr 0.$$

4° Ces différents calculs donnent pour a les valeurs remarquables

$$\frac{3R}{2}, \quad R, \quad -3R, \quad 0, \quad 2R.$$

Elles se classent de la façon suivante :

$$-3R < 0 < R < \frac{3R}{2} < 2R.$$

Résultats.

a	ρ	$F(-R)$	$F(+R)$	$F(\pm\infty)$	SOLUTIONS DU SYSTÈME (3)
$-\infty$					
	$+$	$+$	$+$	$+$	Les deux racines sont dans celui des intervalles $\qquad -\infty \quad -R \quad +R \quad +\infty$ qui contient leur demi-somme. a étant négatif, la demi-somme est inférieure à $-R$. Les deux racines sont inférieures à $-R$. Le système n'a pas de solution.
$-3R$	....		....	....	$\begin{cases} x' = -7R \\ x'' = -R \end{cases}$ Le système a une solution: $x'' = -R$.
0	$+$	$-$	$+$	$+$	La racine x' est comprise entre $-\infty$ et $-R$. La racine x'', entre $-R$ et $+R$. Le système a une solution, qui est x''.
R	....		$\left\{\begin{array}{c} ... \\ 0 \\ ... \end{array}\right\}$	....	$\begin{cases} x' = -R \\ x'' = +R \end{cases}$ Le système a deux solutions: $x' = -R,\ x'' = +R$.
	$+$	$+$	$+$	$+$	Les deux racines sont dans celui des intervalles $\qquad -\infty \quad -R \quad +R \quad +\infty$ qui contient leur demi-somme. a étant compris entre 0 et $2R$, on a $$-R < \frac{x' + x''}{2} < +R.$$ Les deux racines sont comprises entre $-R$ et $+R$. Le système a deux solutions: $x',\qquad x''.$
$\dfrac{3R}{2}$					$\left\{ x' = x'' = \dfrac{R}{2} \right.$ Le système a deux solutions égales entre elles et égales à $\dfrac{R}{2}.$
$2R$	$-$				Les racines sont imaginaires. Le système n'a pas de solution.
$+\infty$					

Remarque. — Les nombres x' et x'' sont donnés par

$$x' = a - R - \sqrt{R(3R - 2a)}, \quad x'' = a - R + \sqrt{R(3R - 2a)}.$$

Remarque. — A chaque solution du système (3) correspondent deux valeurs de y, de même valeur absolue et de signes contraires, c'est-à-dire deux points M symétriques par rapport au diamètre OP, ou encore deux solutions du problème.

Conclusions.

Pour que le problème soit possible, il faut et il suffit que a ne soit pas inférieur à $- 3R$ ni supérieur à $\frac{3R}{2}$.

Si l'on a

$$- 3R \leqslant a < R,$$

le problème a deux solutions.

Si l'on a

$$R \leqslant a < \frac{3R}{2},$$

le problème a quatre solutions.

Enfin, si l'on a

$$a = \frac{3R}{2},$$

le problème n'a plus que deux solutions.

Les quatre solutions précédentes sont deux à deux venues se confondre.

Remarque. — Ce problème revient à la recherche des points d'intersection du cercle O et de la parabole de foyer P et de directrice AN. Il est facile de vérifier géométriquement les résultats précédents.

PROBLÈME IV.

Résoudre un triangle connaissant un côté a, *l'angle opposé* A *et sachant que la somme*

$$h^2 + (b - c)^2,$$

dans laquelle h *représente la hauteur relative au côté* a, *et* b *et* c *les deux autres côtés, est égale à un carré donné* m².

Les côtés b et c ne figurant dans les données que par le carré de leur différence, nous avons le droit de supposer $b \geqslant c$ et, par suite,

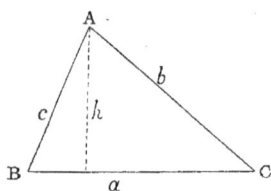

$$B \geqslant C.$$

Ceci dit, remarquons que si l'on réussit à déterminer les angles B et C de façon à satisfaire à l'énoncé du problème, on connaît, dans le triangle, un côté et les deux angles adjacents, et l'on est ramené à un problème classique qui est toujours possible et a toujours une solution.

Remarquons encore que la détermination des angles B et C résulte de celle de la différence B — C. En effet, B + C étant égal à π — A, si l'on connaît B — C, on en déduit facilement B et C.

Ce calcul n'est pas toujours possible. Il exige d'abord

$$0 \leqslant B - C,$$

car, par hypothèse, on doit avoir

$$B \geqslant C,$$

puis

$$B - C < B + C,$$

pour que la valeur de C soit positive. Ces conditions sont d'ailleurs suffisantes, puisqu'on obtient alors deux angles B et C, positifs, inférieurs à π et tels que l'on ait

$$A + B + C = \pi.$$

En résumé, nous résoudrons le problème en calculant B — C et n'acceptant pour valeurs de cette différence que celles qui satisferont aux relations

$$0 \leqslant B - C < B + C$$

ou

$$(1) \qquad 0 \leqslant B - C < \pi - A.$$

Des propriétés connues permettent d'écrire

$$\frac{a}{\sin A} = \frac{b}{\sin B} = \frac{c}{\sin C} = \frac{b-c}{\sin B - \sin C} = \frac{b-c}{2\sin\dfrac{B-C}{2}\cdot\sin\dfrac{A}{2}}.$$

d'où

$$b - c = \frac{2a\sin\dfrac{B-C}{2}\sin\dfrac{A}{2}}{\sin A}.$$

D'autre part, en considérant la surface du triangle, on a

$$ah = bc\sin A,$$

d'où

$$h = \frac{bc\sin A}{a},$$

et comme

$$\frac{a^2}{\sin^2 A} = \frac{bc}{\sin B.\sin C} = \frac{2bc}{\cos(B-C) + \cos A},$$

il vient

$$h = \frac{a\,[\cos(B-C) + \cos A]}{2\sin A}.$$

On a donc finalement l'équation

$$m^2 = \frac{a^2}{4\sin^2 A}\,[\cos(B-C) + \cos A]^2 + \frac{4a^2}{\sin^2 A}\cdot\sin^2\frac{B-C}{2}\sin^2\frac{A}{2},$$

que l'on met sans difficulté sous la forme

$$\cos^2(B-C) - 2(2 - 3\cos A)\cos(B-C) + (2 - \cos A)^2 - \frac{4m^2}{a^2}\sin^2 A = 0.$$

Cette équation ne contient qu'une inconnue, $\cos(B-C)$. Si l'on désigne cette inconnue par x, l'équation s'écrit

$$(2)\quad x^2 - 2(2 - 3\cos A)\,x + (2 - \cos A)^2 - \frac{4m^2}{a^2}\sin^2 A = 0.$$

Le cosinus de l'angle cherché $B - C$ est une racine de l'équation (2); mais une racine de cette équation n'est pas nécessairement une valeur acceptable pour ce cosinus, qui doit être celui d'un angle satisfaisant aux relations (1).

Or, les relations (1) entraînent

$$- \cos A < \cos(B-C) \leqslant 1.$$

Par conséquent, pour qu'on puisse prendre une racine de l'équation (1) pour valeur de $\cos(B-C)$, il faut que cette racine satisfasse aux relations

$$- \cos A < x \leqslant 1,$$

et l'on est ramené à la résolution du système

$$(3) \begin{cases} f(x) = x^2 - 2(2 - 3\cos A)x + (2 - \cos A)^2 - \dfrac{4m^2}{a^2}\sin^2 A = 0, \\ -\cos A < x \leqslant 1. \end{cases}$$

Remarquons qu'à toute solution du système (3) correspond un angle et un seul satisfaisant aux relations (1) et, par suite, une solution et une seule du problème.

Résolution du système (3).

Calculs préliminaires.

1° Le réalisant de l'équation est

$$\rho = (2 - 3\cos A)^2 - (2 - \cos A)^2 + \frac{4m^2}{a^2}\sin^2 A$$

ou

$$\rho = 4(1 - \cos A)[m^2 + \cos A(m^2 - 2a^2)].$$

$4(1 - \cos A)$ étant positif, ρ est du signe de

$$(m^2 - 2a^2)\left[\cos A - \frac{-m^2}{m^2 - 2a^2}\right],$$

dans l'hypothèse $m^2 - 2a^2 \neq 0$.

2° La substitution de $-\cos A$ donne

$$f(-\cos A) = \cos^2 A + 2(2 - 3\cos A)\cos A + (2 - \cos A)^2 - \frac{4m^2}{a^2}\sin^2 A$$

$$= 4\sin^2 A\left(1 - \frac{m^2}{a^2}\right).$$

$f(-\cos A)$ est du signe de

$$-(m^2 - a^2).$$

Si nous comparons $-\cos A$ à la demi-somme $\dfrac{x' + x''}{2}$ des racines, nous voyons que

$$-\cos A < \frac{x' + x''}{2},$$

car l'inéquation

$$-\cos A < 2 - 3\cos A$$

revient à

$$\cos A < 1.$$

3º La substitution de 1 donne

$$f(1) = 1 - 2 (2 - 3 \cos A) + (2 - \cos A)^2 - \frac{4m^2}{a^2} \sin^2 A$$
$$= \frac{(1 + \cos A)}{a^2} [a^2 - 4m^2 + (a^2 + 4m^2) \cos A].$$

$f(1)$ est du signe de

$$\cos A - \frac{m^2 - \dfrac{a^2}{4}}{m^2 + \dfrac{a^2}{4}}.$$

Si l'on compare 1 à la demi-somme des racines, on voit que l'on a

$$1 \gtrless \frac{x' + x''}{2},$$

si l'on a

$$1 \gtrless 2 - 3 \cos A,$$

c'est-à-dire

$$\cos A \gtrless \frac{1}{3}.$$

Remarque. — Nous trouvons ainsi pour cos A les valeurs remarquables

$$- \frac{m^2}{m^2 - 2a^2}, \qquad \frac{m^2 - \dfrac{a^2}{4}}{m^2 + \dfrac{a^2}{4}}, \qquad \frac{1}{3}.$$

Classons ces valeurs.

1° On a

$$- \frac{m^2}{m^2 - 2a^2} \gtrless \frac{m^2 - \dfrac{a^2}{4}}{m^2 + \dfrac{a^2}{4}},$$

si l'on a

$$- \frac{m^2}{m^2 - 2a^2} - \frac{m^2 - \dfrac{a^2}{4}}{m^2 + \dfrac{a^2}{4}} \gtrless 0$$

ou

$$\frac{- 2\left(m^2 - \dfrac{a^2}{2}\right)^2}{(m^2 - 2a^2)\left(m^2 + \dfrac{a^2}{4}\right)} \gtrless 0$$

ou enfin

$$m^2 - 2a^2 \lessgtr 0,$$

avec correspondance des signes de même place.

2° On a

$$- \frac{m^2}{m^2 - 2a^2} \gtrless \frac{1}{3},$$

si l'on a

$$- \frac{m^2}{m^2 - 2a^2} - \frac{1}{3} \gtrless 0$$

ou

$$\frac{m^2 - \dfrac{a^2}{2}}{m^2 - 2a^2} \lessgtr 0.$$

3° On a

$$\frac{m^2 - \dfrac{a^2}{4}}{m^2 + \dfrac{a^2}{4}} \gtrless \frac{1}{3},$$

si l'on a

$$\frac{m^2 - \dfrac{a^2}{4}}{m^2 + \dfrac{a^2}{4}} - \frac{1}{3} \gtrless 0$$

ou

$$m^2 - \frac{a^2}{2} \gtrless 0.$$

Remarque. — Le nombre cos A, que l'on calcule d'après la donnée A, est toujours compris entre — 1 et + 1. — 1 et + 1 sont donc encore des valeurs remarquables de cos A. Je les compare aux précédentes.

1° On a

$$\frac{- m^2}{m^2 - 2a^2} \gtrless + 1,$$

si l'on a

$$\frac{m^2 - a^2}{m^2 - 2a^2} \lessgtr 0.$$

2° On a

$$\frac{-m^2}{m^2 - 2a^2} \gtrless -1,$$

si l'on a

$$m^2 - 2a^2 \lesseqgtr 0.$$

3° Enfin, on voit sans peine que l'on a toujours

$$-1 < \frac{m^2 - \dfrac{a^2}{4}}{m^2 + \dfrac{a^2}{4}} < +1.$$

Remarque. — Le classement dépend des signes des binômes

$$m^2 - \frac{a^2}{2}, \qquad m^2 - a^2, \qquad m^2 - 2a^2.$$

Il y a donc quatre cas à examiner selon que m^2 se trouve dans l'un ou l'autre des intervalles suivants :

$$0 \qquad \frac{a^2}{2} \qquad a^2 \qquad 2a^2 \qquad +\infty.$$

Résultats du classement.

m^2	RÉSULTATS
0	$-1 < \dfrac{m^2 - \dfrac{a^2}{4}}{m^2 + \dfrac{a^2}{4}} < \dfrac{-m^2}{m^2 - 2a^2} < \dfrac{1}{3} < 1$
$\dfrac{a^2}{2}$	$-1 < \dfrac{1}{3} < \dfrac{m^2 - \dfrac{a^2}{4}}{m^2 + \dfrac{a^2}{4}} < \dfrac{-m^2}{m^2 - 2a^2} < 1$
a^2	$-1 < \dfrac{1}{3} < \dfrac{m^2 - \dfrac{a^2}{4}}{m^2 + \dfrac{a^2}{4}} < 1 < \dfrac{-m^2}{m^2 - 2a^2}$
$2a^2$	$\dfrac{-m^2}{m^2 - 2a^2} < -1 < \dfrac{1}{3} < \dfrac{m^2 - \dfrac{a^2}{4}}{m^2 + \dfrac{a^2}{4}} < 1$
$+\infty$	

Conclusions relatives à la résolution du système (3).

Désignons par x' et x'' $(x' < x'')$ les racines de l'équation (2), lorsqu'elles sont réelles, et considérons successivement chacun des cas qui se présentent.

$1°$ $$0 < m^2 < \frac{a^2}{2}.$$

cos A	ρ	$f(-\cos A)$	$f(1)$	$f(\pm\infty)$	CONCLUSIONS
-1					
	$+$	$+$	$-$	$+$	Une racine est comprise entre $-\cos A$ et 1. L'autre est comprise entre 1 et $+\infty$. Le système a une seule solution: $x = x'$.
$\dfrac{m^2 - \dfrac{a^2}{4}}{m^2 + \dfrac{a^2}{4}}$	$\cdots$	$\cdots$	—	$\cdots$	Une racine est égale à 1. La demi-somme des racines est supérieure à 1, car $$\cos A < \frac{1}{3}.$$ L'autre racine est donc supérieure à 1. Le système a une seule solution: $x = 1$.
	$+$	$+$	$+$	$+$	Les deux racines sont dans celui des intervalles $-\infty \quad -\cos A \quad +1 \quad +\infty$ qui contient leur demi-somme. $\cos A$ étant inférieur à $\dfrac{1}{3}$, la demi-somme est supérieure à 1. Les deux racines sont supérieures à 1; le système n'a pas de solution.
$\dfrac{m^2}{m^2 - 2a^2}$	$-$				
$\dfrac{1}{3}$					Les racines étant imaginaires, le système n'a pas de solution.
$+1$	$-$				

13

2°
$$m^2 = \frac{a^2}{2}.$$

On a

$$\frac{m^2 - \dfrac{a^2}{4}}{m^2 + \dfrac{a^2}{4}} = \frac{-m^2}{m^2 - 2a^2} = \frac{1}{3}.$$

cos A	ρ	$f(-\cos A)$	$f(1)$	$f(\pm \infty)$	CONCLUSIONS
-1					
	$+$	$+$	$-$	$+$	Une racine est comprise entre $-\cos A$ et 1. L'autre est comprise entre 1 et $+\infty$. Le système a une seule solution : $x = x'$.
$\dfrac{1}{3}$					$\{\rho=0,\ f(1)=0$ Les deux racines sont égales entre elles et égales à 1. Le système a une seule solution : $x = 1$.
	$-$				Les racines étant imaginaires, le système n'a pas de solution.
$+1$					

3°
$$\frac{a^2}{2} < m^2 < a^2.$$

$\cos A$	ρ	$f(-\cos A)$	$f(1)$	$f(\pm\infty)$	CONCLUSIONS
-1	$+$	$+$	$-$	$+$	Une racine est comprise entre $-\cos A$ et 1. L'autre est comprise entre 1 et $+\infty$. Le système a une seule solution : $x = x'$.
$\dfrac{1}{3}$	$+$	$+$	$-$	$+$	Une racine est égale à 1. Cos A étant supérieur à $\dfrac{1}{3}$, la demi-somme des racines est inférieure à 1. L'autre racine est donc inférieure à 1. Elle est d'ailleurs supérieure à $-\cos A$, car il ne peut y avoir que zéro ou deux racines comprises entre $-\infty$ et $-\cos A$. Le système a deux solutions : $x = x'$ et $x = 1$.
$m^2 - \dfrac{a^2}{4}$ $m^2 + \dfrac{a^2}{4}$	$+$	$+$	$+$	$+$	Les deux racines sont dans celui des intervalles $-\infty\ \ -\cos A\ \ +1\ \ +\infty$ qui contient leur demi-somme. Cos A étant supérieur à $\dfrac{1}{3}$, la demi-somme est inférieure à 1. On sait qu'elle est toujours supérieure à $-\cos A$. Elle se place donc dans l'intervalle du milieu. Le système a deux solutions : $x = x'$, $x = x''$.
$\dfrac{-m^2}{m^2 - 2a^2}$					$\rho = 0$ Les deux racines sont égales entre elles. Le système a une seule solution : $x = x' = x''$.
$+1$	$-$				Les racines étant imaginaires, le système n'a pas de solution.

4°
$$m^2 = a^2.$$

On a
$$-\frac{m^2}{m^2 - 2a^2} = +1 \quad \text{et} \quad \frac{m^2 - \dfrac{a^2}{4}}{m^2 + \dfrac{a^2}{4}} = \frac{3}{5}.$$

Le dernier intervalle du cas précédent disparaît. Les autres intervalles subsistent; mais il faut remarquer que l'une des racines est toujours égale à $-\cos A$, car $f(-\cos A) = 0$. Cette racine n'est pas une solution du système, puisqu'elle ne satisfait pas à l'inéquation

$$-\cos A < x.$$

Comme c'est la plus petite des racines, on a les résultats suivants :

$\cos A$	ρ	$f(-\cos A)$	$f(1)$	$f(\pm\infty)$	CONCLUSIONS
-1					
	$+$	0	$-$	$+$	Lo système n'a pas de solution.
$\dfrac{3}{3}$					Le système a une solution : $x = 1$.
	$+$	0	$+$	$+$	Le système a une solution : $x = x''$.
$+1$					Le système n'a pas de solution ; d'ailleurs $\cos A$ ne reçoit jamais la valeur 1.

$5°$ $\qquad\qquad a^2 < m^2 < 2a^2.$

$\cos A$	ρ	$f(-\cos A)$	$f(1)$	$f(\pm\infty)$	CONCLUSIONS
-1					
	$+$	$-$	$-$	$+$	L'une des racines est comprise entre $-\infty$ et $-\cos A$. L'autre est comprise entre 1 et $+\infty$. Le système n'a pas de solution.
$\dfrac{m^2 - \dfrac{a^2}{4}}{m^2 + \dfrac{a^2}{4}}$					L'une des racines est comprise entre $-\infty$ et $-\cos A$. L'autre est égale à 1. Le système a une solution : $x = 1$.
	$+$	$-$	$+$	$+$	L'une des racines est comprise entre $-\infty$ et $-\cos A$. L'autre est comprise entre $-\cos A$ et 1. Le système a une solution : $x = x''$.
1					
$\dfrac{-m^2}{m^2 - 2a^2}$					Cette hypothèse ne se présente pas.

6° $$m^2 = 2a^2.$$

On a

$$\rho = 4(1 - \cos A)m^2 \quad \text{et} \quad \frac{m^2 - \dfrac{a^2}{4}}{m^2 + \dfrac{a^2}{4}} = \frac{7}{9}.$$

Le raisonnement est le même que celui du cinquième cas.

cos A	ρ	$f(-\cos A)$	$f(1)$	$f(\pm\infty)$	CONCLUSIONS
— 1	+	—	—	+	Le système n'a pas de solution.
$\dfrac{7}{9}$					Le système a une solution : $x = 1$.
+ 1	+	—	+	+	Le système a une solution : $x = x''$.

7° $$2a^2 < m^2 < +\infty.$$

Voyez le cinquième cas.

cos A	ρ	$f(-\cos A)$	$f(1)$	$f(\pm\infty)$	CONCLUSIONS
$\dfrac{-m^2}{m^2 - 2a^2}$					Cette hypothèse ne se présente pas.
— 1	+	—	—	+	Le système n'a pas de solution.
$\dfrac{m^2 - \dfrac{a^2}{4}}{m^2 + \dfrac{a^2}{4}}$					Le système a une solution : $x = 1$.
+ 1	+	—	+	+	Le système a une solution : $x = x''$.

Conclusions relatives à la résolution du problème.

Toute solution du système (3) fournissant une solution du problème, et une seule, les résultats précédents conduisent aux conclusions suivantes :

1°
$$0 < m^2 \leqslant \frac{a^2}{2}.$$

Le problème n'est possible que si l'on a

$$- 1 < \cos \mathrm{A} \leqslant \frac{m^2 - \dfrac{a^2}{4}}{m^2 + \dfrac{a^2}{4}}.$$

Il n'a qu'une solution, donnée par $x = x'$. Lorsque $\cos \mathrm{A}$ est égal

à $\dfrac{m^2 - \dfrac{a^2}{4}}{m^2 + \dfrac{a^2}{4}}$, $x' = 1$, et le triangle correspondant est isocèle,

car $\mathrm{B} - \mathrm{C} = 0$.

2°
$$\frac{a^2}{2} < m^2 < a^2.$$

Le problème n'est possible que si l'on a

$$- 1 < \cos \mathrm{A} \leqslant \frac{- m^2}{m^2 - 2a^2}.$$

Lorsque $\cos \mathrm{A}$ est inférieur à $\dfrac{m^2 - \dfrac{a^2}{4}}{m^2 + \dfrac{a^2}{4}}$, il n'a qu'une solution,

donnée par $x = x'$.

Lorsque $\cos \mathrm{A}$ est égal ou supérieur à $\dfrac{m^2 - \dfrac{a^2}{4}}{m^2 + \dfrac{a^2}{4}}$, il a deux solutions,

données par $x = x'$ et $x = x''$. Ces deux solutions se confondent quand $\cos \mathrm{A}$ reçoit la valeur $\dfrac{- m^2}{m^2 - 2a^2}$

Remarquons que si

$$\cos A = \dfrac{m^2 - \dfrac{a^2}{4}}{m^2 + \dfrac{a^2}{4}},$$

on a

$$x'' = 1\,;$$

l'un des deux triangles correspondants est isocèle.

3° $\qquad\qquad a^2 \leqslant m^2 < +\infty\,.$

Le problème n'est possible que si l'on a

$$\dfrac{m^2 - \dfrac{a^2}{4}}{m^2 + \dfrac{a^2}{4}} \leqslant \cos A < 1.$$

Il n'a qu'une solution, donnée par $x = x''$. Le triangle qui correspond à la valeur

$$\cos A = \dfrac{m^2 - \dfrac{a^2}{4}}{m^2 + \dfrac{a^2}{4}}$$

est isocèle.

Remarque. — Les nombres x' et x'' sont

$$x' = 2 - 3 \cos A - 2\sqrt{(1 - \cos A)[m^2 + \cos A(m^2 - 2a^2)]},$$

$$x'' = 2 - 3 \cos A + 2\sqrt{(1 - \cos A)[m^2 + \cos A(m^2 - 2a^2)]}.$$

Lorsqu'on connaîtra numériquement les données du problème, ces formules, rendues calculables par logarithmes, permettront le calcul de la différence $B - C$; d'où B et C, etc.

PROBLÈME V

On donne deux axes rectangulaires OX *et* OY, *un point* A (OA = a) *sur* OX *et un point* B (OB = b) *sur* OY. *On trace une circonférence de centre* B *qui passe par le point* A. *Cette circonférence coupe la droite* XX' *en un second point* A'.

On demande de déterminer sur la circonférence un point M *tel que la somme*

$$MA + MA' = 2p,$$

p *étant un nombre donné supérieur à* a.

Du point M, abaissons MH perpendiculaire sur OX, et désignons par x le nombre algébrique obtenu en affectant le nombre qui mesure OH du signe +, si le point H est sur OX, et du signe —, s'il est sur OX'. De même, désignons par y le nombre qui mesure HM affecté du signe +, si le point M est au-dessus de OX, et du signe —, dans le cas contraire. (Les nombres x et y sont dits les coordonnées du point M.) Il est évident que la détermination du point M revient au calcul de ses coordonnées.

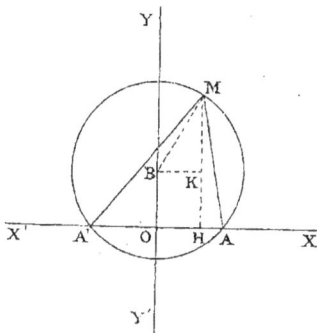

On voit sans peine que pour qu'un point M appartienne à la circonférence, il faut et il suffit que ses coordonnées satisfassent à l'équation

$$x^2 + (y - b)^2 = a^2 + b^2$$

que donne la considération du triangle MBK, et qui s'écrit

(1) $$x^2 + y^2 - 2by - a^2 = 0.$$

D'autre part, quelle que soit la position du point M, on a

$$MA = \sqrt{y^2 + (x - a)^2}, \qquad MA' = \sqrt{y^2 + (x + a)^2}.$$

La condition

$$MA + MA' = 2p$$

se traduit donc par l'équation

$$(2) \qquad \sqrt{y^2 + (x - a)^2} + \sqrt{y^2 + (x + a)^2} = 2p,$$

et la résolution du problème revient à celle du système des équations (1) et (2).

Faisons disparaître les radicaux de l'équation (2). Pour cela, disposons les termes convenablement et élevons successivement deux fois au carré. Nous trouvons l'équation

$$(3) \qquad (p^2 - a^2)x^2 + p^2 y^2 - p^2(p^2 - a^2) = 0.$$

Cette équation est équivalente à l'équation (2). En effet, désignons par u et v les deux radicaux de l'équation (2). L'équation (3) est équivalente à l'ensemble des équations

$$+ u + v = 2p,$$
$$+ u - v = 2p,$$
$$- u + v = 2p,$$
$$- u - v = 2p.$$

La dernière de ces équations n'a pas de racine, car un nombre négatif ne peut pas être égal à un nombre positif. Les deux précédentes n'en ont pas non plus, parce que la différence des deux côtés MA et MA′ du triangle MAA′ étant inférieure au troisième côté $2a$, ne peut pas être égale à $2p$, qui est, par hypothèse, supérieur à $2a$. Ainsi, les équations (2) et (3) sont équivalentes, et nous pouvons substituer au système (1), (2), le système (1), (3), ou encore le système équivalent

$$\begin{cases} x^2 = - y^2 + 2by + a^2, & (4) \\ a^2 y^2 + 2b(p^2 - a^2)y - (p^2 - a^2)^2 = 0, & (5) \end{cases}$$

que donne l'élimination de x^2.

L'équation (5) ne contient que l'inconnue y. Elle détermine cette inconnue. En portant successivement dans l'équation (4) les valeurs trouvées, on en déduit x.

On voit immédiatement que les racines de l'équation (5) sont réelles. L'équation (4) étant du second degré en x, à chacune de ces racines correspondent pour x deux valeurs réelles ou imaginaires.

On voit, en outre, que pour que les valeurs de x qui correspondent à une valeur de y, soient réelles, il faut et il suffit que cette valeur de y satisfasse à la relation conditionnelle

$$y^2 - 2by - a^2 \leqslant 0.$$

Par conséquent, pour résoudre le problème, il suffira de résoudre le système

$$(6) \qquad \begin{cases} a^2y^2 + 2b(p^2 - a^2)y - (p^2 - a^2)^2 = 0, \\ y^2 - 2by - a^2 < 0 \end{cases}$$

et de porter ses diverses solutions successivement dans l'équation (4).

Résolution du système (6).

Représentons par Y' et $Y''(Y' < Y'')$ les racines de

$$a^2y^2 + 2b(p^2 - a^2)y - (p^2 - a^2)^2 = 0$$

et par y' et $y''(y' < y'')$ celles de

$$y^2 - 2by - a^2 = 0.$$

Ces racines sont réelles.

La relation conditionnelle se met sous la forme

$$(y - y')(y - y'') \leqslant 0.$$

Elle admet pour solutions tous les nombres de l'intervalle $(y' \cdot y'')$.

Les solutions du système (6) sont donc les racines de l'équation (5) qui appartiennent à cet intervalle.

Ceci nous conduit à comparer (162) les nombres

$$Y', \quad Y'', \quad y', \quad y''.$$

Calculs préliminaires.

1° Élimination de y^2 entre

$$F(y) = a^2y^2 + 2b(p^2 - a^2)y - (p^2 - a^2)^2,$$

$$f(y) = y^2 - 2by - a^2.$$

On a

$$F(y) - a^2.f(y) = 2bp^2\left(y - \frac{p^2 - 2a^2}{2b}\right).$$

2° Comparaison de $\dfrac{p^2 - 2a^2}{2b}$ à y' et y''.

$$f\left(\frac{p^2 - 2a^2}{2b}\right) = \frac{p^4 - 4p^2(a^2 + b^2) + 4a^2(a^2 + b^2)}{4b^2}.$$

Le numérateur de ce résultat peut être regardé comme une fonction du second degré en p^2. Cette fonction a ses racines réelles. Si on les désigne par p'^2 et p''^2 $(p'^2 < p''^2)$,

$$f\left(\frac{p^2 - 2a^2}{2b}\right) \text{ est du signe de } (p^2 - p'^2)(p^2 - p''^2).$$

De plus, on a

$$\frac{p^2 - 2a^2}{2b} \gtrless \frac{y' + y''}{2},$$

si l'on a

$$p^2 - 2(a^2 + b^2) \gtrless 0.$$

Remarquons que $2(a^2 + b^2)$ se trouvant être la demi-somme des racines p'^2 et p''^2, se place entre ces racines.

Remarquons encore que a^2 est inférieur à p'^2, car le résultat de la substitution de a^2 à p^2 est positif, et évidemment on a

$$a^2 < \frac{p'^2 + p''^2}{2}.$$

Classement de Y', Y'', y', y''.

1° Soit
$$a^2 < p^2 < p'^2.$$

On a

$$f\left(\frac{p^2 - 2a^2}{2b}\right) > 0, \qquad p^2 - 2(a^2 + b^2) < 0.$$

Par suite, $\dfrac{p^2 - 2a^2}{2b}$ est inférieur à y' et à y''. Il en résulte

$$F(y') > 0, \qquad F(y'') > 0,$$

et les racines Y', Y'' se placent toutes deux dans l'un des intervalles

$$-\infty \qquad y' \qquad y'' \qquad +\infty.$$

Comme y' et Y' sont négatifs et que y'' et Y'' sont positifs, le seul classement possible est celui-ci :

$$y' < Y' < Y'' < y''.$$

2° Soit
$$p'^2 < p^2 < p''^2.$$

On a

$$f\left(\frac{p^2 - 2a^2}{2b}\right) < 0.$$

Par suite,

$$y' < \frac{p^2 - 2a^2}{2b} < y'',$$

et

$$F(y') < 0, \qquad F(y'') > 0.$$

Le classement est

$$Y' < y' < Y'' < y''.$$

3° Soit

$$p''^2 < p^2 < +\infty.$$

On a

$$f\left(\frac{p^2 - 2a^2}{2b}\right) > 0, \qquad p^2 > 2(a^2 + b^2).$$

Par suite, $\dfrac{p^2 - 2a^2}{2b}$ est supérieur à y' et à y''.

Il en résulte

$$F(y') < 0, \qquad F(y'') < 0.$$

Le classement est

$$Y' < y' < y'' < Y''.$$

Résultats.

1°

$$a^2 < p^2 < p'^2.$$

Le classement étant

$$y' < Y' < Y'' < y'',$$

le système (6) a deux solutions :

$$y = Y', \qquad y = Y''.$$

2°

$$p'^2 < p^2 < p''^2.$$

Le classement étant

$$Y' < y' < Y'' < y'',$$

le système (6) a une solution :

$$y = Y''.$$

3°

$$p''^2 < p^2 < +\infty.$$

Le classement étant

$$Y' < y' < y'' < Y'',$$

le système n'a pas de solution.

Conclusions.

Pour que le problème soit possible, il faut que p^2 ne soit pas supérieur à p''^2.

Si p^2 est compris entre a^2 et p'^2, le problème a quatre solutions.

Si p^2 est compris entre p'^2 et p''^2, il en a deux.

Remarque. — Pour terminer cette question, il faudrait examiner les hypothèses

$$p^2 = p'^2 \quad \text{et} \quad p^2 = p''^2,$$

calculer ensuite les valeurs remarquables p'^2 et p''^2 et donner les valeurs de Y' et Y" ainsi que celles de x correspondantes. Tout ceci n'offre aucune difficulté; nous nous en dispenserons.

Remarque. — Ce problème revient à l'intersection de la circonférence B avec l'ellipse dont les foyers sont A et A' et la longueur du grand axe $2p$.

PROBLÈME VI

On donne deux droites rectangulaires X'OX *et* Y'OY, *et deux points* A *et* A' *sur la première droite, à égale distance du point* O.

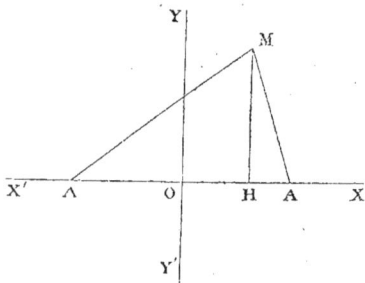

Déterminer un point M *du plan* XOY, *qui soit à une distance donnée* λ *de la droite* X'OX *et tel que le produit*

$$MA \times MA' = a^2.$$

Soit OA = OA' = c.

Désignons par x et y les coordonnées du point M (voir le problème précédent). Nous avons les équations

$$y = \pm \lambda,$$

$$\sqrt{y^2 + (x - c)^2} \cdot \sqrt{y^2 + (x + c)^2} = a^2,$$

qui forment un système équivalent au suivant :

$$\begin{cases} y = \pm \lambda, & (1) \\ x^4 - 2(c^2 - \lambda^2)\, x^2 + (\lambda^2 + c^2)^2 - a^4 = 0. & (2) \end{cases}$$

La résolution du problème revient évidemment à celle de ce système. D'ailleurs, à toute racine réelle de l'équation (2) correspondent deux valeurs réelles de y fournies par l'équation (1) et, par suite, deux solutions du problème. Ces solutions peuvent être confondues si $\lambda = 0$.

La question est donc ramenée à la recherche des racines réelles de l'équation (2).

Résolution de l'équation (2).

Cette équation est bicarrée. Calculons ses trois réalisants et cherchons leurs signes.

1°
$$\rho_1 = (c^2 - \lambda^2)^2 - (\lambda^2 + c^2)^2 + a^4$$
$$= -4c^2\left(\lambda^2 - \frac{a^4}{4c^2}\right).$$

ρ_1 est du signe de
$$-\left(\lambda^2 - \frac{a^4}{4c^2}\right). \; \|$$

2°
$$\rho_2 = (\lambda^2 + c^2)^2 - a^4$$
$$= [\lambda^2 - (a^2 + c^2)](\lambda^2 + a^2 + c^2)$$

ρ_2 est du signe de
$$\lambda^2 - (a^2 + c^2). \; \|$$

3°
$$\rho_3 = c^2 - \lambda^2$$
$$= -(\lambda^2 - c^2).$$

ρ_3 est du signe de
$$-(\lambda^2 - c^2). \; \|$$

Remarque. — Ces calculs donnent pour λ^2 les trois valeurs remarquables
$$\frac{a^4}{4c^2}, \qquad a^2 - c^2, \qquad c^2.$$

Classons ces valeurs.

1° On a
$$\frac{a^4}{4c^2} > a^2 - c^2,$$

car cette inégalité revient à

$$\frac{(a^2 - 2c^2)^2}{4c^2} > 0.$$

2° On a

$$\frac{a^4}{4c^2} \gtrless c^2,$$

si l'on a

$$a^2 - 2c^2 \gtrless 0.$$

3° On a

$$a^2 - c^2 \gtrless c^2.$$

si l'on a

$$a^2 - 2c^2 \gtrless 0.$$

Il résulte de là que si

$$a^2 < 2\,c^2,$$

le classement est

$$a^2 - c^2 < \frac{a^4}{4c^2} < c^2.$$

Si

$$a^2 > 2c^2,$$

il est

$$c^2 < a^2 - c^2 < \frac{a^4}{4c^2}.$$

Remarque. λ^2 est un nombre quelconque supérieur ou égal à zéro. Zéro est donc une nouvelle valeur remarquable de λ^2.

On a toujours

$$0 < \frac{a^4}{4c^2} \qquad \text{et} \qquad 0 < c^2 ;$$

mais on peut avoir

$$a^2 - c^2 \begin{cases} < 0 \\ = 0 \\ > 0. \end{cases}$$

Conséquence : Différents cas sont à examiner selon la grandeur de a^2 par rapport à

$$0, \qquad c^2, \qquad 2c^2, \qquad + \infty.$$

Résultats. — Pour la commodité de l'exposition, remplaçons, dans l'équation (2), x^2 par z et désignons par α et β ($\alpha \leqslant \beta$) les racines de l'équation obtenue, lorsqu'elles sont réelles.

1° Soit
$$a^2 = 0.$$

$\rho_1 = -\lambda^2.$ L'équation (2) a toujours ses racines imaginaires, excepté lorsque $\lambda = 0$. Dans cette hypothèse, ses quatre racines sont égales deux à deux et égales les unes à $+ c$, les autres à $- c$.

2° Soit $\qquad\qquad 0 < a^2 < c^2.$

λ^2	ρ_1	ρ_2	ρ_3	RÉSULTATS
0				On a $\qquad \alpha > 0 \qquad$ et $\qquad \beta > 0.$ L'équation (2) a quatre racines réelles, données par $\qquad x = \pm \sqrt{\alpha}, \qquad x = \pm \sqrt{\beta}.$
	$+$	$+$	$+$	
$\dfrac{a^4}{4c^2}$				$\alpha = \beta$ $\Big\{$ L'équation (2) a deux racines doubles, données par $\qquad x = \pm \sqrt{\alpha}$
			$-$	
c^2				Les quatre racines sont imaginaires.
$+ \infty$			$-$	

3° Soit $\qquad\qquad a^2 = c^2.$

λ^2	ρ_1	ρ_2	ρ_3	RÉSULTATS
0	....		....	$\begin{cases} \alpha = 0 \\ \beta > 0 \end{cases}$ L'équation (2) a deux racines nulles et deux racines réelles, données par $\qquad x = \pm \sqrt{\beta}.$
	$+$	$+$	$+$	On a $\qquad \alpha > 0 \qquad$ et $\qquad \beta > 0.$ L'équation (2) a quatre racines réelles, données par $\qquad x = \pm \sqrt{\alpha}, \qquad x = \pm \sqrt{\beta}.$
$\dfrac{c^2}{4}$				$\alpha = \beta$ $\Big\{$ L'équation (2) a deux racines doubles, données par $\qquad x = \pm \sqrt{\alpha}.$
			$-$	
c^2			$-$	Les quatre racines sont imaginaires.
$+ \infty$				

4° Soit $\qquad c^2 < a^2 < 2c^2$.

λ^2	ρ_1	ρ_2	ρ_3	RÉSULTATS
0				
	$+$	$-$	$+$	On a $\alpha < 0$ et $\beta > 0$. L'équation (2) a deux racines imaginaires et deux racines réelles, données par $x = \pm \sqrt{\beta}$.
$a^2 - c^2$				$\begin{cases}\alpha = 0\\ \beta > 0\end{cases}$ L'équation (2) a deux racines nulles et deux racines réelles, données par $x = \pm \sqrt{\beta}$.
	$+$	$+$	$+$	On a $\alpha > 0$ et $\beta > 0$. L'équation (2) a quatre racines réelles, données par $x = \pm \sqrt{\alpha}, \quad x = \pm \sqrt{\beta}$.
$\dfrac{a^4}{4c^2}$				$\{\alpha = \beta\}$ L'équation (2) a deux racines doubles, données par $x = \pm \sqrt{\alpha}$.
c^2				Les quatre racines sont imaginaires.
$+\infty$				

5° Soit $\qquad a^2 = 2c^2$.

λ^2	ρ_1	ρ_2	ρ_3	RÉSULTATS
0				
	$+$	$-$	$+$	On a $\alpha < 0$ et $\beta > 0$. L'équation (2) a deux racines imaginaires et deux racines réelles, données par $x = \pm \sqrt{\beta}$.
c^2				$\{\alpha = \beta = 0.\}$ L'équation (2) a quatre racines nulles.
	$-$			Les quatre racines sont imaginaires.
$+\infty$				

14

6° Soit $\qquad 2c^2 < a^2 < +\infty.$

λ^2	ρ_1	ρ_2	ρ_3	RÉSULTATS
0				On a
	$+$	$-$	$+$	$\alpha < 0 \qquad$ et $\qquad \beta > 0.$
c^2	....	....	▬	L'équation (2) a deux racines imaginaires et deux racines réelles, données par
	$+$	$-$	$-$	$x = \pm\sqrt{\beta}.$
$a^2 - c^2$	....	▬	....	$\left\{\begin{array}{l}\alpha < 0 \\ \beta = 0\end{array}\right.$ L'équation (2) a deux racines imaginaires et deux racines nulles.
	$+$	$+$	$-$	On a $\alpha < 0 \qquad$ et $\qquad \beta < 0.$ Les quatre racines sont imaginaires.
$\dfrac{a^4}{4c^2}$	▬			
$+\infty$	$-$			Les quatre racines sont imaginaires.

Conclusions.

Toute racine réelle de l'équation (2) fournissant pour le problème deux solutions, distinctes si $\lambda \neq 0$, confondues si $\lambda = 0$, nous avons les résultats suivants :

1° $\qquad\qquad\qquad a = 0.$

Le problème n'est possible que si $\lambda = 0$. Il a deux solutions, qui sont les deux points A et A'.

2° $\qquad\qquad\qquad 0 < a \leqslant c.$

Le problème n'est possible que si $\lambda \leqslant \dfrac{a^2}{2c}$. Il a en général huit solutions, qui se réduisent à quatre, soit lorsque $\lambda = 0$, soit lorsque $\lambda = \dfrac{a^2}{2c}$. Remarquons que si $\lambda = 0$ avec $a = c$, deux des quatre points trouvés se confondent avec le point O ; en réalité il n'y a que trois solutions.

3° $\qquad\qquad\qquad c < a < c\sqrt{2}.$

Le problème n'est possible que si $\lambda \leqslant \dfrac{a^2}{2c}$.

Lorsque $\lambda < \sqrt{a^2 - c^2}$, il a quatre solutions, qui se réduisent à deux si $\lambda = 0$.

Lorsque $\lambda = \sqrt{a^2 - c^2}$, il a six solutions. Deux de ces six solutions donnent deux points situés sur Y'OY.

Enfin, lorsque $\lambda > \sqrt{a^2 - c^2}$, il a huit solutions, qui se réduisent à quatre si $\lambda = \dfrac{a^2}{2c}$.

4°
$$c\sqrt{2} \leqslant a < +\infty.$$

Le problème n'est possible que si $\lambda \leqslant \sqrt{a^2 - c^2}$. Il a quatre solutions, qui se réduisent à deux, soit lorsque $\lambda = 0$, soit lorsque $\lambda = \sqrt{a^2 - c^2}$. Dans cette dernière hypothèse, les deux points trouvés sont sur Y'OY.

Remarque. — Lorsque $\lambda \neq 0$, les points qui répondent au problème sont symétriques deux à deux par rapport à X'OX.

Si l'on excepte les points qui se trouvent sur Y'OY, on constate encore que les divers points trouvés sont deux à deux symétriques par rapport à Y'OY.

FIN

TABLE DES MATIÈRES

IMPRIMERIE CENTRALE DES CHEMINS DE FER. — IMPRIMERIE CHAIX.
RUE BERGÈRE, 20, PARIS. — 11320-6.

www.ingramcontent.com/pod-product-compliance
Lightning Source LLC
Chambersburg PA
CBHW060031100426

42740CB00010B/1685